DEUTSCHE KÜHLSCHIFFAHRT
(1902–1995)

PUMA
HAFENINSPEKTOR III

Karl-Heinz Hochhaus

Deutsche Kühlschiffahrt (1902–1995)

Reedereien
Kühlschiffe
Kühlgüter

1996
Verlag H. M. Hauschild GmbH · Bremen

Abbildung auf dem Schutzumschlag:
BLUMENTHAL, erster Kühlschiffsneubau, vierte Phase
der deutschen Kühlschiffahrt (s. S. 19)

Abbildung auf dem Frontispiz:
PANTHER, PUMA, erste Kühlschiffsneubauten, zweite Phase
der deutschen Kühlschiffahrt (s. S. 22)

Abbildungen auf der Rückseite Schutzumschlag:
PUMA (s. S. 22), Ladungsumschlag früher (s. S. 14),
URSULA HORN (s. S. 32), Ladungsumschlag heute (Foto K.-H. Hochhaus),
ERNST MORITZ ARNDT (s. S. 48)

Dr. Karl-Heinz Hochhaus
Rönneburger Straße 21
D – 21217 Seevetal (über Hamburg)

Impressum:

Verlag H. M. Hauschild GmbH, Bremen
Buchgestaltung: Gernot Braatz, Bremen
Gesamtherstellung: H. M. Hauschild GmbH, Bremen

ISBN 3-931 785-11-4

Vorwort

Bei meiner Suche nach geschlossenen Informationen und Daten deutscher Kühlschiffe bin ich auf das Kühlschiffsbuch „Die deutschen Kühlschiffe“ von Arnold Kludas und Ralf Witthohn gestoßen, welches nicht nur für das vorliegende Buch eine einmalige Quelle bis 1981, dem dritten Ende der deutschen Kühlschiffahrt von 1902 1981, darstellt.
In diesem Buch bin ich weiter zurückgegangen und habe in verschiedenen, teilweise sehr alten Quellen einige technisch sehr interessante Dinge gefunden. Gerade die Kombination der Schiffstechnik mit der Kältetechnik erlebt eine Renaissance. Inzwischen gibt es wieder neun Kühlschiffe unter deutscher Flagge und 46 unter deutscher Bereederung, damit ist das Interesse nicht nur bei den Altvorderen gewachsen.
Das „alte Kältemittel“ Ammoniak wird wieder eingesetzt, um Umweltprobleme durch die FCKW-haltigen Kältemittel zu reduzieren. Damit ergeben sich Möglichkeiten, auch „alte Kälteverfahren“ in der Schiffstechnik wieder ernsthaft zu diskutieren. Wird die 1877 eingesetzte Absorptionskälteanlage geschickt mit den Kraftmaschinen zum Schiffsantrieb und zur elektrischen Energieerzeugung verknüpft, dann ergeben sich neben hohen Gesamtwirkungsgraden auch geringere Umweltbeeinträchtigungen durch geringeren Schwefel- und CO_2-Ausstoß bei niedrigen Betriebskosten.
Eine weitere, bereits 1821 beschriebene Wirkung, die zur Energieeinsparung der Kälteanlage und zur besseren Qualitätserhaltung von Früchten führt, kam in der Schiffstechnik ab 1984 unter dem Namen „Controlled Atmosphere“ (CA) zum Einsatz und seit 1994 zum Durchbruch.
Für mich als Ingenieur war es anfangs schwierig, die Zusammenhänge und Möglichkeiten zwischen den „Wünschen“ der Früchte und der Technik zu erkennen und verstehen. Daher habe ich versucht, auch diese Zusammenhänge im letzten Kapitel zu beschreiben und gehe hier auf die Kühlgüter ein, die diesen Schiffstyp „Kühlschiff“ in stetiger Weiterentwicklung entsprechend den Erkenntnissen und technischen Möglichkeiten vervollkommnen. Dabei ist mir durchaus bewußt, daß ich diese Thematik nur oberflächlich behandeln kann. Die Zusammenhänge, Informationen und Daten stammen aus Büchern, Zeitschriftenaufsätzen, Diskussionen und Vorträgen. Diese Quellen wurden in dem umfangreichen Literaturverzeichnis angegeben, auch in der Hoffnung, daß besonders die älteren Literaturstellen nicht ganz in Vergessenheit geraten.
Die Neugier zur Suche nach den Zusammenhängen verdanke ich meinem geschätzten Lehrer, Prof. Dr.-Ing. Werner Droste (†), der mir „seine Methoden“ zur ganzheitlichen Betrachtung vermittelt hat. Der unermüdliche Fleiß von Frau Kröhl sorgte dafür, daß aus teilweise unleserlichen Manuskriptblättern mit Sternen (*) ein Gesamtwerk entstand. Für meine Frau Elfriede und unsere Kinder ist hiermit eine schwierige Phase abgeschlossen, die das Gästezimmer und Arbeitszimmer in kaum noch zu betretende papierübersäte Kampfstätten verwandelt hat. Besonders in der letzten Phase hat meine Frau mich außerordentlich unterstützt, das Manuskript abzuschließen.
In der Zeit der Materialsammlung und -auswertung fand ich in Yves Wild einen wißbegierigen Studenten, später Mitarbeiter und Mitstreiter zum Thema Kühlschiffe und CA, welches auch zum Thema seiner Dissertation wurde. Gemeinsam verfaßten wir Veröffentlichungen, hielten Vorträge und organisierten zwei Vortragsveranstaltungen im Rahmen der „Schiffbautechnischen Gesellschaft“ (STG). Hier möchte ich besonders Prof. Dr.-Ing. H. Keil nennen und mich bei ihm, Prof. Dr.-Ing. Großmann, Prof. Dr.-Ing. H. Meier-Peter und Dipl.-Ing. G. Henschel herzlich für ihre Unterstützung bedanken.
Bei meinen Freunden, Mitarbeitern und Bekannten bedanke ich mich für ihre Unterstützung und Geduld. Viel Hilfe fand ich bei den beschriebenen Reedereien, Werften der Kühlschiffe und Fruchtgesellschaften, die mir Daten und Fotos zur Verfügung stellten und teilweise Korrektur gelesen haben. Hier sind besonders Herr A. Weichert und A. Böhme zu nennen. Ganz besonderen Dank möchte ich Herrn K. P. Kiedel vom Deutschen Schiffahrtsmuseum aussprechen, der mir beim fehlenden Bildmaterial der älteren Schiffe geholfen hat.
Als Erklärung für die auffällige und sehr ausführliche Schilderung der „Bananendampfer“, des Bananentransportes und der Bananenbehandlung soll der Ausspruch von Kapitän R. Becker dienen: „Wer Bananen über größere Entfernungen transportieren kann, der kann alle Kühlladungen transportieren.“ Bei Kapitän Becker möchte ich mich an dieser Stelle herzlich bedanken.
Für die unkomplizierte Zusammenarbeit bei der Erstellung des Buches bedanke ich mich bei den Mitarbeitern des Hauschild-Verlages, besonders bei Herrn F. Steinmeyer, bei Herrn G. Braatz für die gute Ausgestaltung des Buches und bei Herrn G. Hüsener für die Geduld beim Korrekturlesen.
Die Schiffsdaten wurden gerundet. Quellen, auch die Schiffsregister der Klassifikationen, geben für das gleiche Schiff häufig unterschiedliche Daten an. Ursachen dafür sind geänderte Vermessungsregeln, Klassenwechsel oder Umbauten. Sollten in den Daten grobe Fehler enthalten sein, wäre ich über entsprechende Hinweise dankbar.

Meckelfeld, August 1995 K.-H. Hochhaus

Inhaltsverzeichnis

1. Einführung und Rückblick

Die Erfindung und industrielle Anwendung der mechanischen Kälteerzeugung erfolgte Mitte des 19. Jahrhunderts. Um 1875 waren die wesentlichen Prinzipien der Kältemaschinen von einer kleinen Gruppe genialer Ingenieure erdacht und erprobt worden. Etwa in dieser Zeit gab es in Nordwesteuropa, besonders in England, einen Fleischmangel, der zu hohen Preisen führte. In Süd- und Nordamerika, in Australien und Neuseeland gab es dagegen große Rinder- und Schafherden, hier waren die Fleischpreise sehr niedrig.
Mit der bisherigen Methoden des Lebendtransportes von Vieh auf Schiffen über große Entfernungen war kein Ausgleich möglich. Daher war es naheliegend und wirtschaftlich interessant, die Seetransportmittel mit Kälteeinrichtungen zu kombinieren, um gekühltes Fleisch auch über große Entfernungen zu transportieren.
Wurden die praktische Kältetechnik anfangs in Frankreich erdacht und erprobt, die theoretischen Erklärungen und Optimierungen in Deutschland durchgeführt, so erfolgten die industriellen Umsetzungen in den Ländern der Märkte. Der globale Fleischmarkt mit riesigen Gewinnmöglichkeiten trieb die Entwicklung voran, und in etwa 25 Jahren (1875–1900) wurden in der Kühlschiffahrt die grundlegenden Entwicklungen durchgeführt, die zum Teil heute „wieder" aktuell werden (s. a. Tabelle 1).

Die gesamte Schiffahrt wie auch andere Bereiche des täglichen Lebens und der Technik sind heute ohne die Kältetechnik nicht denkbar. Auf fast allen Schiffen sind Kältemaschinen vorhanden, auf größeren Schiffen ist eine Proviantkühlanlage mit mehreren Kühlräumen installiert, auf Schiffen, die weltweit operieren, außerdem eine Klimaanlage.
Trockenfrachtschiffe mit einer Ladungskühlanlage, deren Laderäume alle isoliert sind, werden als Kühlschiffe bezeichnet, Containerschiffe mit mehr als 50 Kühlcontainern häufig als Kühlcontainerschiffe. Weitere Schiffstypen mit umfangreichen Kälteanlagen sind Flüssiggastanker und Fischereischiffe > 250 BRT/BRZ. In diesem Buch sollen Kühlschiffe betrachtet werden, Kühlcontainer nur am Rande, obwohl sie zunehmend an Deck von Kühlschiffen transportiert werden.

1.1 Kühltransport von Fleisch

Ausgehend von Perkins Erfindung (Amerika 1834) eines Äthyläther-Verdichters als Kältemaschine, beschäftigte sich „Harrison" (Australien 1859) mit der praktischen Verwertung der Kältetechnik [1]. Der große Viehbestand Australiens benötigte zur Verwertung und zum Transport des

Bild 1.1: FRIGORIFIQUE, ausgerüstet mit drei Kältemaschinen von Tellier, führte 1876 die erste erfolgreiche Fahrt eines Kühlschiffes durch (aus [3])

Fleisches geeignete Konservierungsmethoden. Im ersten Schritt wurden diese Kältemaschinen in Eisfabriken installiert, im zweiten Schritt auf Schiffen für den Transport.
In den Eisfabriken wurde Eis erzeugt, dieses Eis wurde anfangs auf Segelschiffen zur Konservierung beim Fleischtransport nach England verwendet. Dabei wurde das Fleisch direkt im Eis verpackt. Diese Fleischtransporte waren nur zum Teil erfolgreich, da das Eis häufig vor der Ankunft in England geschmolzen und das Fleisch verdorben war.
Im nächsten Entwicklungsschritt erfolgte eine Trennung von Eis und Fleisch, und es wurde ein Kaltluftkreis mit Lüftern installiert, der die warme Luft aus dem Laderaum zur Abkühlung in den Eisraum und zurück transportierte. Eine weitere Verbesserung waren in den Kühlladeräumen verlegte Rohrschlangen, in denen eine Sole aus Salz und Wasser die Wärme aus den Kühlräumen abführte. Aufgrund der langen Reise von Australien nach England lag das Gewichtsverhältnis von Eis zu Fleisch bei etwa 8 : 1. Mit diesen „Kühleinrichtungen" ließ sich der australische Fleischexport von „chilled meat" erfolgreich durchführen, im Jahre 1880 wurden bereits 7.000 t/a befördert.
Die Fleischexporte von Nordamerika nach England entwickelten sich aufgrund des kürzeren Seeweges erheblich schneller, hier war auch kein Äquatorübertritt mit den entsprechend hohen Außentemperaturen notwendig. Viel Erfolg hatte Eastman ab 1873 mit seinen Fleischtransporten von New York nach London. Für die Kühlung über diese Entfernung ohne Äquatorübertritt wurde ein Kaltluftsystem mit Natureis verwendet. Das Fleisch trocknete bei diesem Verfahren jedoch stark aus und verlor 25–30 % des Gewichts [1, 2, 3]. Von 1875 bis 1880 wurden von Nordamerika etwa 120.000 t nach England transportiert, d. h. im Mittel etwa 24.000 t/a. Trotzdem hatten diese Verfahren große Nachteile, und der nächste Entwicklungsschritt, die Kältemaschine auf dem Schiff zu installieren, wurde getan.
1868 wurde von Tellier mit der CITY OF RIO DE JANEIRO ein Fleischtransport von Montevideo nach London durchgeführt. Die Kälte wurde von einer Methyläther-Kältemaschine erzeugt, Ausfälle der Maschine führten jedoch zu einem Mißerfolg.
1873 führte Harrison einen Kühltransport mit der NORFOLK durch, der wegen Leckagen zum Mißerfolg wurde. Laut [1] ist bisher nicht eindeutig geklärt, ob Harrison eine Äther-Kältemaschine oder ein System aus Natureis und Salz verwendete.
Die FRIGOFIQUE (Bild 1.1 aus [3]), ein 1.200 t Schraubendampfer, ausgerüstet mit drei Methyl-Äther-Kältemaschinen von Tellier, führte Ende 1876 die erste erfolgreiche Fahrt eines Kühlschiffes mit Kältemaschinen durch. Die Reise ging von Rouen nach Buenos Aires (105 Tage) und zurück (110 Tage). In [4] wird von zwei liegenden Kältemaschinen berichtet, jede mit einer Leistung von 20.000 kcal/h. Der Kühlraum mit einem Volumen von 550 m³ wurde von zwei Lüftern (15.000 m³/h) mit Kaltluft beaufschlagt. Als Antriebsmaschinen dieser Lüfter dienten zwei Dampfmaschinen mit Riemenabtrieb, die an Deck standen. Die Luft strömte innen durch die Rohre der sechs stehenden Verdampfer, im Außenraum verdampfte das Kältemittel Methyläther. Die Isolierung des Laderaumes bestand aus zwei Holzwänden mit einem Hohlraum, der mit Korkabfällen und Strohhäcksel gefüllt war [4]. Bei diesem Transport wurde das Fleisch wie bei „Eastman" gekühlt (chilled) um 0° transportiert und erlitt ebenfalls erhebliche Gewichtsverluste (30–40 %).
Der erste erfolgreiche *Tiefkühlfleischtransport* (-27 bis -30° C) wurde 1877/78 mit der PARAGUAY von Marseille nach Buenos Aires und zurück von Buenos Aires nach Le Havre durchgeführt, die nach [4] mit Absorptionskälteanlagen von F. Carre ausgerüstet war. In [2] und [3] wird zur Art der Kältemaschine nichts ausgesagt, in [1] wird wegen der tiefen Temperaturen ebenfalls auf die Absorptionsmaschine zur Kälteerzeugung geschlossen. Außerdem hat F. Carre dazu 1876 ein Patent angemeldet mit dem Titel „Improvements permittling the ship-board use of absorption machines, at temperatures of -25 to -35° C" [1]. Dieses Prinzip bewährte sich gut, die Ladung, 5.500 Stück Hammel (ca. 80 t), kam trotz Reiseverlängerung durch eine Havarie auf sieben Monate in einwandfreiem Zustand an [4].
Damit wurden 1877 erfolgreiche Kühlfleischtransporte mit Kältemaschinen nach zwei Prinzipien (Verdichter, Absorption) durchgeführt, die ein Kältemittel (Primärkreis hier Methyläther oder Ammoniak) und ein Übertragungsmittel (Sekundärkreis, Luft) benötigen.
Das dritte Prinzip zu dieser Zeit, die Kaltluftmaschine, verdichtet als Kältemittel Luft, dabei entsteht „Wärme", die abgeführt wird. Beim Expandieren sinkt die Temperatur, und diese kalte Luft, welche auch als Übertragungsmittel dient, kühlt den Laderaum und die Ladung. Für dieses dritte Verfahren hatte sich der schottische Reeder Illwraith nach Besichtigung der Ladungskühlanlage der PARAGUAY entschieden. Auf seinem Schiff STRATHLEVEN wurden Luftkältemaschinen von Bell-Colemann installiert.
Dieses Schiff hatte einen Kühlraum mit 120 m³, lief Ende 1879 nach Sydney aus und kehrte mit 40 t Hammel- und Rindfleisch nach London zurück. Dieses dritte Verfahren war wirtschaftlich und zuverlässig und wurde in der Folgezeit für Schiffskühlanlagen erfolgreich angewendet. Es bildete die Grundlage des schnell wachsenden Gefrierfleischhandels mit Australien und bald darauf Neuseelands und Argentiniens [4].
Etwa zehn Jahre später begann sich der Ammoniak (NH_3)-

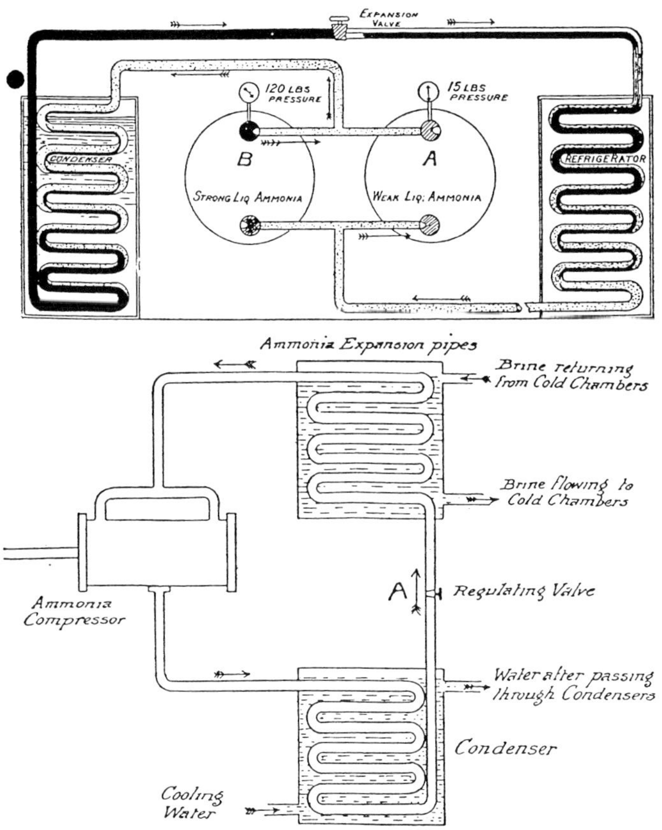

Bild 1.2: Kaltdampf- und Absorptionskältemaschinen der Pionierphase mit Ammoniak als Kältemittel, zeitgenössische Darstellungen aus [3]

Verdichter von Linde auch für Schiffskühlanlagen durchzusetzen, der 1875/80 zur Einsatzreife kam und an Land in Brauereien, Schlachthäusern und Eisfabriken eingesetzt wurde. Die ersten der Linde-NH_3-Verdichter wurden 1888 auf den englischen Kühlschiffen der White Star Linie und des Rotterdamschen Lloyd eingebaut. In der Schiffstechnik hatten sie einen schweren Stand, in der Landtechnik (Schlachthäuser, Brauereien) waren sie im Gegensatz dazu sehr erfolgreich. Die wichtigen Verfahren, Kaltdampf- und Absorptionskältemaschinen, werden als zeitgenössische Darstellungen im Bild 1.2 gezeigt.

Probleme mit den Wellendichtungen und daraus resultierende Leckagen führten zum Kältemittel Kohlendioxyd (CO_2) mit Verdichter von Hall (England), die sich ab 1890 in den Kühlschiffsneubauten durchsetzten. Zu dieser Zeit erfolgte der Bau und Betrieb von Kühlschiffen fast ausschließlich in England bzw. unter englischer Flagge, und die Schiffe und Kälteanlagen wurden von der englischen Klassifikation Lloyds Register klassifiziert. Daher ist dieses Register die Grundlage für die weltweite Entwicklung der Kühlschiffsanzahl und des Kühlschiffraumes bis zum 2. Weltkrieg (s. Bild 1.3, Daten aus [4]).

Bei den Luftführungssystemen wurden in dieser ersten Phase ebenfalls verschiedene Entwicklungsstufen durchlaufen. Dabei ist zu unterscheiden zwischen der stillen

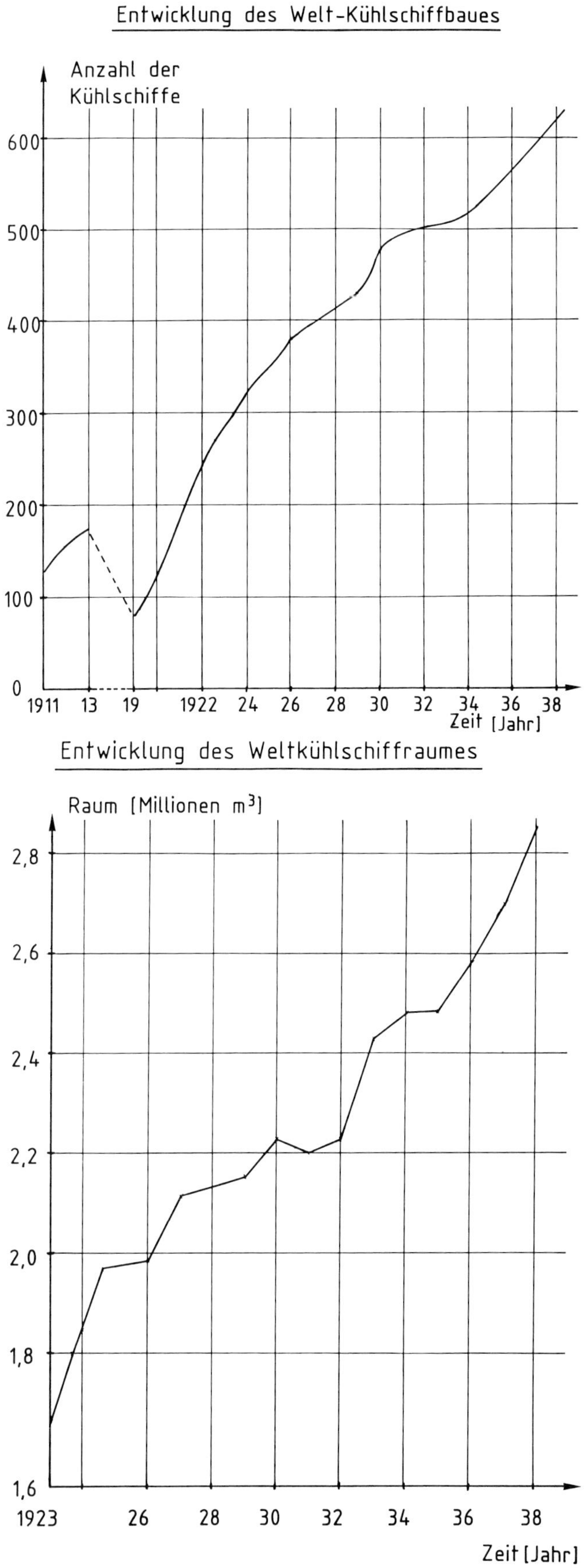

Bild 1.3: Anzahl und Kühlraum der von Lloyd's Register klassifizierten Kühlschiffe von 1911 bis 1939 [4]

Luftumwälzung durch Temperaturunterschiede und der erzwungenen Luftumwälzung mit Ventilatoren. In der Anfangsphase wurde beim Fleischtransport die stille Kühlung angewendet, die mit der Anordnung der Kühlrohre und Leitbleche den jeweiligen geometrischen Verhältnissen angepaßt wurde. Dabei erfolgte die Montage der Kühlrohre in Laderäumen für Minusladung unter der Decke und bei der Plusladung häufig an den Wänden.
Als Kühlgüter wurden in den ersten 20 Jahren der Kühlschiffahrt überwiegend Fleisch und Butter befördert, zum Ende des 19. Jahrhunderts wurden auch Früchte über größere Entfernungen mit Kühlschiffen befördert. 1901 transportierte die englische PORT MORANT eine Ladung Bananen (23.000 Büschel) von Jamaica nach England [1].

1.2 **Schiffstransport von Bananen**

Die Methode der „stillen Kühlung" erwies sich für den Fruchttransport mit hohem Stoffwechsel (Bananen) als ungeeignet, da neben der zusätzlichen Atmungswärme resultierend aus dem Stoffwechsel außerdem CO_2, Ethylen und Wasser als weitere Stoffwechselprodukte aus dem Laderaum entfernt werden mußten.
Da bei der Fruchtfahrt außerdem Kontrollen großer Ladungsbereiche notwendig waren, wurden neben den Laderäumen seitliche Kontrollgänge mit den Lüfterkanälen kombiniert. Die Luftein- und -austritte in den dazwischenliegenden Laderäumen wurden mit verschiebbaren Luftklappen reguliert, und die Kaltluft strömte von der einen Schiffsseite horizontal zur anderen. Der Vorteil dieses Systems war eine Kühlung mit individueller Beeinflussung der Umwälzluft. Das war notwendig, da die Luftumwälzraten für heutige Verhältnisse mit 20–40fach sehr niedrig lagen. Diese Umstellung von der stillen zur bewegten Kühlung, der Ventilationskühlung, erfolgte etwa Ende des 19. Jahrhunderts, als man begann, Bananen im großen Stil von Mittelamerika nach Nordamerika zu transportieren.
Bananen wurden bis zur Jahrhundertwende als Decksladung transportiert, von Mittelamerika nach Nordamerika und von den Kanarischen Inseln nach Europa, vornehmlich England. Erst als Bananen von Jamaica und Costa Rica nach England transportiert werden sollten, wurden wegen der längeren Reisedauer Kühleinrichtungen notwendig, wie sie 1880 auf Schiffen erfolgreich betrieben wurden. Vom britischen Atlas-Dienst wurden ab 1870 Bananen von Jamaica nach New York in Dampfschiffen verfrachtet. 1890 wurden Bananen ungekühlt von Costa Rica über New York nach England transportiert, die häufig in schlechtem Zustand ankamen und daher niedrige Preise erzielten. 1893 wurden diese Verschiffungen eingestellt. 1896 wurden Bananen in Kühlschiffen von Jamaica nach London direkt transportiert, anfängliche Mißerfolge aufgrund von Problemen mit der Kühlung und unzureichender Lüftung wurden behoben, und 1897 wurden auf dieser Route erfolgreiche Bananentransporte durchgeführt.
Die Atlas Linie wurde 1901 von der Hapag übernommen, zu dieser Zeit fuhren sieben Dampfer (15.000 BRT) ohne Kühleinrichtungen in diesem Dienst, bestehend aus den drei Linien Jamaica–New York, Haiti–New York und Mittelamerika–New York. 1903/04 stellt die Hapag die Kühlschiffe SIBIRIA/SARNIA in diesen Dienst ein. Die Bananenverschiffungen erfolgten aufgrund von Verträgen mit der United Fruit Company (UFC). 1911 wollte die United Fruit den Atlas-Dienst übernehmen, die Hapag verkaufte nicht und fuhr daraufhin für die Konkurrenz, die Atlantic Fruit Company (AFC) und der ihr nahestehenden Hamburg-Columbien-Bananen-Actien-Gesellschaft. Sie bestellte zwei weitere Kühlschiffe für diesen Dienst, die EMIL L. BOAS und CARL SCHURZ, die 1912 und 1913 abgeliefert wurden. Sie fuhren zwischen Port Limon/Santa Marta und New York. Ein mehrjähriger Rechtsstreit mit der UFC führte zur Aufgabe dieses Dienstes und zum Verkauf.
Die in der Anfangsphase der Kühlschiffahrt verwendeten Lüfter (ca. 20facher Luftwechsel) wurden von langsamlaufenden Dampfmaschinen angetrieben, ebenso wie die Hauptmotoren der Schiffe und die Kältemittelverdichter.
Später wurden elektrisch angetriebene Lüfter installiert, und die Kaltluft wurde von den seitlichen Kontrollgängen aus mit Anwendung von Grätingen auf dem Laderaumboden direkt unter die Ladung gedrückt. Die Zuströmung in den Gängen erfolgte horizontal, von dort unter die Ladung horizontal, durch die Ladung vertikal und über die Ladung zurück. Die Kontrollgänge bildeten jeweils die Druckseiten, über der Ladung befand sich die Saugseite.
Die Bananen waren für viele Jahrzehnte das wichtigste Frischobst im Welthandel, für die Weltkühlschiffahrt auch heute noch. Die Zitrusfrüchte sind seit 1972 für den Welthandel wert- und mengenmäßig bedeutender, jedoch erfolgt der Transport nur zum Teil in Kühlschiffen.
Der Transport der exportierten Bananen erfolgt fast ausschließlich mit dem Schiff. Diese Früchte stellen sehr hohe Ansprüche an die Transporttechnik und den Menschen, wenn sie in guter Qualität ankommen sollen. Daher ist die technische Entwicklung der Kühlschiffe eng mit dem Bananentransport verknüpft. Wegen dieser hohen Ansprüche wurden Kühlschiffe bis etwa zum 2. Weltkrieg unterschiedlich gebaut, zum Tiefkühltransport oder als „Bananendampfer". Erst danach wurden die Kühlschiffe zunehmend für den universellen Einsatz konstruiert und gebaut. Heute können etwa 75 % der Kühlschiffe für Frucht- und Tiefkühlladung verwendet werden, der Rest nur für Tiefkühlladung.
In Nordamerika wurden die Bananen 1876 zur Jahrhun-

Bild 1.4: „Bananendampfer“ SARNIA, ein Kühlschiff der Hapag, das unter deutscher Flagge von 1904 bis 1914 im Atlas-Dienst (Hapag) zwischen Mittelamerika und New York eingesetzt war (Foto Hapag Lloyd AG)

dert-Ausstellung der amerikanischen Unabhängigkeit in Philadelphia einer größeren Menschenmenge zum Kauf angeboten. Schon 1889 wurden aus Costa Rica ca. 3 Mio. und aus Honduras ca. 15 Mio. Büschel Bananen in Nordamerika eingeführt.

1914 wurden in Deutschland vier Bananen (ca. 0,6 kg) pro Kopf und Jahr gegessen, in England 25 (ca. 3,7 kg) und in Nordamerika 50 (ca. 7,5 kg), bei den Gewichtsangaben in Klammern wurden 150 Gramm/Banane zugrunde gelegt. Der heutige Verbrauch in Europa und Nordamerika liegt etwa zwischen 10 bis 15 kg pro Kopf und Jahr.

Die planmäßige Bananenproduktion für den Export begann etwa Mitte des 19. Jahrhunderts. Der Großteil dieser Früchte wurde wie auch heute noch in den Anbauländern verzehrt. 1884 betrug der Export von Costa Rica etwa 420.000 Büschel, die Früchte wurden von ausländischen Händlern auf den Märkten aufgekauft und auf Schiffen überwiegend nach Nordamerika transportiert. Anfangs auf Segelschiffen an Deck liegend, später auf Dampfschiffen in Laderäumen mit Ventilation und für längere Strecken mit Kühlung durch Eis oder später mit Kältemaschinen, wie z. B. auf der SARNIA, die im Bananendienst zwischen Mittelamerika und New York eingesetzt war (Bild 1.4).

Die Bananen wurden grün als lose Stauden oder in Lattenkisten verpackt an Bord gebracht und hier in als „Bins“ bezeichnete Unterteilungen der einzelnen Laderäume gestaut. Die „Bins“ wurden anfangs als Lattenverschläge gebaut, später bestanden sie aus vorbereiteten Holz-Balkenstützen, die in entsprechende Nuten im Boden oben und unten eingesetzt wurden. Mit Hilfe von horizontalen Querhölzern wurden tragfähige Fachwerke gebaut, an denen die Bananenbüschel angelehnt wurden. Damit wurde die Bewegung der Ladung im Seegang verhindert, und die Bananen wurden vor Quetsch- und Druckstellen geschützt.

Anfangs wurden die Bananenbüschel in zwei bis drei senkrechten Lagen und ein bis zwei waagerechten Lagen gestapelt, die Laderäume waren, verglichen mit den heutigen, sehr hoch. Nach zwei bis drei Tagen Seefahrt hatten sich die Stauden „gesetzt“, und die obere Lage befand sich etwa 30–50 cm tiefer. Zur Vermeidung von Beschädigungen der empfindlichen Ladung (Bruch der Büschel, Abreißen einzelner Hände) bei diesem „Setzvorgang“ war es wichtig, die Büschel dicht aneinander zu stauen.

Die zu dieser Zeit verschifften Bananensorten (s. a. Kapitel 5) wurden bei Transporttemperaturen von 11–12° C gefahren, die relative Luftfeuchtigkeit lag um 90–95 % (beim Gelbwerden um ca. 80 %), und der CO_2-Gehalt wurde nicht höher als 2 % gefahren.

Später wurden die Decks auf den „Bananendampfern“ niedriger, es wurden weniger Lagen pro Deck befördert, dadurch wurden die mechanischen Transportschäden minimiert. Die Transportschäden durch frühzeitig reifende Bananen wurden durch bessere Kontrollen beim Beladen und durch schnellere Runterkühlzeiten im Schiff verringert. Zum schnelleren Runterkühlen bei vorgegebenen un-

Bild 1.5: Manuelles Löschen eines Bananendampfers (Foto Schiffahrts- und Speditionsgesellschaft Meyer & Co.)

teren Luft-Eintrittstemperaturen von 11° C wurden die Luftumwälzraten auf einen 40 bis 60fachen Luftwechsel erhöht. Zu dieser Zeit erfolgte die Weiterverarbeitung in den Verbraucherländern.

Im nächsten Schritt ab Mitte der sechziger Jahre wurden die Bananen zunehmend im Erzeugerland von der Staude getrennt, sortiert, gereinigt und in Kartons verpackt. Dadurch wurden in den Erzeugerländern zusätzliche Arbeitsplätze geschaffen und die Ausfälle durch vorzeitige Reifung weiter verringert. Da diese Arbeitsvorgänge zusätzliche Zeit unter hoher Umgebungstemperatur im Erzeugerland benötigt, war es wichtig, die Transport- und Umschlagsvorgänge zu verbessern, um die Zeit zwischen der Ernte und Beladung des Schiffes möglichst nicht zu verlängern.

In der gesamten Zeit seit Beginn der Kühlschiffahrt (1875 Fleisch, 1880 Bananen) wurden die Kühlschiffe und Umschlagseinrichtungen in den Lade- und Zielhäfen ständig vergrößert und den Bedürfnissen der Ladung und den Ladungsmengen angepaßt. Auch hier war die Umgebungstemperatur ein Problem. Führte die zu hohe Temperatur zu vorzeitiger Reifung, ergaben sich in Nordeuropa und

Bild 1.6: Anfänge der Mechanisierung beim Löschen von Bananen mit einem einfachen Elevator (Foto Schiffahrts- und Speditionsgesellschaft Meyer & Co.)

Bild 1.7: EMIL L. BOAS (und KARL SCHURZ), die ersten deutschen Kühlschiffsneubauten, 1912 bei Swan, Hunter & Wigham gebaut (Foto Hapag Lloyd AG)

Nordamerika bei zu niedriger Temperatur Schäden im Aussehen und Geschmack. Daher wurden die Umschlagseinrichtungen bei der anfänglichen Handentladung überdacht. Nach der Mechanisierung durch Elevatoren oder Spiralförderer wurden die Geräte verkleidet und mit klimatisierter Luft durchblasen. Die Öffnungen in den Ladeluken waren möglichst klein und wurden zusätzlich von schützenden Planen umhüllt. In Bild 1.5 wird das manuelle Löschen, in Bild 1.6 das mechanisierte (angetrieben von einer Winde des Schiffes) Löschen von Bananen gezeigt.

1.3 **Entwicklung der Kühlschiffahrt in Deutschland**

In Deutschland wurde die anfängliche Entwicklung der Schiffskälteanlagen und des Schiffskühlraumes überwiegend von den Handelsbeziehungen beeinflußt. Da die Fleisch- und Obstversorgung bis nach dem 1. Weltkrieg gesichert war, wurden die ersten Schiffe mit Ladungskühlanlagen für den „Cross Trade", d. h. Linienverkehr unter deutscher Flagge zwischen fremden Ländern, um die Jahrhundertwende gebaut (s. a. Bild 1.4).

Die ersten zwölf Bananenbüschel, die 1902 im Bremer Raum angelandet wurden, ließen sich nur zum Teil verkaufen, da diese „exotischen" Früchte unbekannt waren [5].

Das erste deutsche Kühlschiff SIBIRIA, ein „Bananendampfer", entstand 1903 als Umbau bei Blohm & Voss (Hamburg) aus einem neun Jahre alten Fracht- und Passagierdampfer und wurde zwischen Mittelamerika und New York eingesetzt. Das Schwesterschiff SARNIA (beide Hamburg-Amerika-Linie) löschte als erstes Schiff 1912 eine größere Ladung Bananen in Hamburg. Die KARL SCHURZ und EMIL L. BOAS (Hamburg-Amerika-Linie, Bild 1.7) waren die ersten Kühlschiffsneubauten unter deutscher Flagge und wurden bei Swan, Hunter & Wigham Richardson (Newcastle) gebaut und kamen 1912 in Fahrt [6]. 1914 folgten die Neubauten PUNGO und PIONIER der Reederei Laeisz als erste Kühlschiffe (Bild 1.8), die auf einer deutschen Werft, der Tecklenborg-Werft in Geestemünde, gebaut wurden. Die Geschwindigkeit dieser

Bild 1.8: PIONIER, PUNGO, die ersten deutschen Kühlschiffsneubauten einer deutschen Werft (Tecklenborg-Werft, Geestemünde, Foto Deutsches Schiffahrtsmuseum, Bremerhaven)

Schiffe lag zwischen 11–14 kn, und einige Schiffe hatten eine hohe Passagierkapazität.

Die Reederei Laeisz hat 1908 in Afrika (Kamerun) 350 Bananenschößlinge aus Zentralamerika und von den Kanarischen Inseln pflanzen lassen. 1911 wurde von Laeisz für diese Aktivitäten die „Afrikanische Frucht-Compagnie GmbH" gegründet [7].

Die ersten neuen Kühlschiffe für Deutschland nach dem 1. Weltkrieg wurden erst 1930 gebaut. Sie wurden vom Bremer Vulkan (Bau Nr. 696) [6] für die Reederei Laeisz gebaut. Es waren die 100.000-cuft-Kühlschiffe PUMA und PANTHER (s. a. Tabelle 2.4), die als Antrieb eine Dreifach-Expansionsmaschine mit 1.950 PS erhielten und damit 13 kn liefen. Diese Schiffe waren die letzten deutschen „Bananendampfer" mit Dampfmaschinen als Hauptantrieb. Spätere Neubauten erhielten Dieselmotoren, einige wenige hatten Dampfturbinen, wie z. B. die BLEXEN.

Diese Laeisz-Schiffe wurden für den Afrikadienst gebaut, nachdem die Afrikanische Frucht-Compagnie (AFC) 1926 die Bananenpflanzungen in Kamerun zurückkaufen konnte. Die Pflanzungen waren im schlechten Zustand, und es bedurfte vieler Investitionsmittel und Arbeit, um die 8.000 ha neu zu kultivieren [7]. Erst ab 1930/31 wurde Gewinn erwirtschaftet, zum Transport der Bananen wurde die AFC in eine AG umgewandelt, die Mehrheit lag bei Laeisz, eine kleine Beteiligung bei der Reederei Russ und einigen Kleinaktionären.

Diese beiden Schiffe sind zwischen Kamerun und deutschen Häfen gefahren, wurden später verlängert und brauchten pro Tag etwa 3.000 kg Kohlen [7].

1933 wurde der dritte Neubau für F. Laeisz nach dem 1. Weltkrieg, die PIONIER (II), vom Bremer Vulkan gebaut. Dieses Schiff war das erste Motorschiff für diese Reederei, der installierte Dieselmotor hatte 5 Zylinder, leistete 3.050 PS und verlieh dem Schiff eine Geschwindigkeit von 15 kn. Die damaligen Autarkiebestrebungen des Dritten Reiches begünstigten diese Entwicklung, da die Bananen aus Kamerun als „deutsche" Erzeugnisse betrachtet wurden, die keine Devisen „kosteten".

Die Einfuhr der frischen Bananen aus Kamerun entwickelte sich von 0 t 1931 auf 75.000 t/a 1939 [7]. Für dieses Anwachsen der Fruchtladung wurden neue Kühlschiffe benötigt, 1935 wurden die PELIKAN, die PONTOS und 1936 die PHYTON in Dienst gestellt. Damit wurde ein achttägiger Liniendienst zwischen Tiko (Kamerun) und Hamburg eingerichtet, ein kleineres Frachtschiff (die PORJUS) wurde als Verteiler zwischen Hamburg und Skandinavien (Göteborg, Oslo) eingesetzt.

Die Kühlschiffahrt unter deutscher Flagge wird zwischen den beiden Weltkriegen weitgehend von der AFC/F. Laeisz betrieben. Von hier kommen die Erfahrungen und Impulse für neue Schiffe. Andere deutsche Reedereien mit Kühlschiffen sind die Midgard, Union, Harald Schuldt, Norddeutscher Lloyd und Rob. M. Sloman (ALSTERTOR, ALSTERUFER).

Die Reedereien Midgard und Norddeutscher Lloyd waren nur kurze Zeit in der reinen Kühlschiffahrt tätig. Die Midgard, Deutsche Seeverkehrs AG, Nordenham, kaufte 1933 die beiden nach dem 1. Weltkrieg beschlagnahmten Kühlschiffe PIONIER und PUNGO (F. Laeisz, 1914) von

England zurück. Sie wurden in NORDENHAM und OLDENBURG umbenannt und in der Fruchtfahrt zwischen Mittelamerika und Bremerhaven eingesetzt. 1936 wurden sie an die Reederei Union Handels- und Schiffahrts GmbH übertragen.

Die Union hat 1936 außerdem vier andere Kühlschiffe von Elders & Fyffes aus England gekauft. Die

- BRAKE ex ZENT
- BREMERHAVEN ex REVENTAZON
- VEGESACK ex MANZANARES
- WESERMÜNDE ex CHIRRIPO

Die technischen Daten in der Tabelle 3.2 zeigen den Unterschied zwischen den englischen, deutschen und skandinavischen Kühlschiffen. Die englischen Schiffe sind fast doppelt so groß und langsamer, da sie 10–15 Jahre älter sind. Die Geschwindigkeit hat sich im Laufe der Zeit von anfangs 12–13 kn auf 15–17 kn bis 1940 erhöht, bis 1980 erfolgte ein weiterer Anstieg auf 20–22 kn und stabilisierte sich bis 1995 um 20 kn.

Die ULM war für den Norddeutschen Lloyd das einzige Kühlschiff, sie wurde für eine ausländische Reederei als RAPIDE gebaut, vor der Fertigstellung 1938 vom Norddeutschen Lloyd angekauft und in verschiedenen Fahrtgebieten im Fruchttransport eingesetzt. Im 2. Weltkrieg gingen die vorhandenen Kühlschiffe verloren oder mußten wie nach dem 1. Weltkrieg an die Siegermächte abgeliefert werden.

Der Import von Bananen wurde im November 1949 wieder aufgenommen. Als erstes Schiff machte zu diesem Zeitpunkt die BRITISH COLUMBIA EXPRESS an der Bananenpier in Bremerhaven fest. Seit dieser Zeit nahm der Bananenhandel einen ziemlich raschen Aufschwung, doch war es noch nicht erlaubt, Schiffe zu bauen. Diese Auflagen wurden in den Folgejahren dann gelockert, jedoch war es aufgrund weiterbestehender Geschwindigkeitsbegrenzungen den deutschen Reedern nicht möglich, Aufträge für diese Spezialschiffe, die immerhin eine gewisse Geschwindigkeit erfordern, zu vergeben. Daher erfolgten die Bananeneinfuhren mit ausländischen Schiffen. Ab 1951 wurden Bananentransporte mit deutschen Schiffen wieder aufgenommen, z. B. mit der von der Union gecharterten PROTEUS der Reederei F. Laeisz, Hamburg.

Die Reederei Laeisz begann die Kühlschiffahrt nach dem 2. Weltkrieg mit drei Neubauten, allerdings mit einer Ausnahmegenehmigung durch die alliierten Besatzungsmächte zum Bau von insgesamt sechs Kühlschiffen für drei Reedereien. Die ersten wurden 1951 abgeliefert.

Dieser Neuanfang führte zu einer großen Kühlschiffsflotte. Mitte der sechziger Jahre liefen 69 Kühlschiffe unter deutscher Flagge, damit seinerzeit die meisten Kühlschiffe. Die englische Kühlschiffsflotte war zahlenmäßig kleiner, allerdings in der Vermessung und Tragfähigkeit fast doppelt so groß. Anfang der achtziger Jahre gab es keine Kühlschiffe unter deutscher Flagge mehr, hohe Lohnkosten, hoher Sicherheitsstandard und die anspruchsvollen Bemannungsrichtlinien führten dazu, daß die Kühlschiffahrt unter deutscher Flagge dem internationalen Wettbewerb nicht standhielt. Daher wurden die Schiffe ausgeflaggt, blieben in der Regel unter deutschem Einfluß und teilweise deutscher Besatzung. Ob diese in der einschlägigen Literatur angeführten Gründe wirklich ausschlaggebend waren, soll hier nicht diskutiert werden. Interessant ist in diesem Zusammenhang, daß England, Schweden und die Niederlande mit ähnlichen Strukturen und Problemen weiterhin Kühlschiffahrt betrieben und erfolgreich große Kühlschiffpools aufbauten, wie z. B. Salen (Schweden), später in Cool Carriers umbenannt, Seatrade (Niederlande) und Star Reefers (England).

Jahr	Name	Schiff	Verfahren	Kältemittel	Kühlgut	Transport von – nach	Bemerkungen
1868	J. Tellier	City of Rio de Janeiro	Kaltdampf-maschine	Methyläther	Fleisch	Argentinien Frankreich	Defekt an der Kältemaschine, kein Erfolg
1873	T. C. Eastman		Natureis	„Natureis“	Fleisch	USA England	regelmäßige Transporte, 1885 ca. 25 Kühlschiffe
1873	J. Harrison	Norfolk	Natureis + Salz	„Natureis + Salz“	gefrorenes Fleisch	Australien England	Segelschiff, kein Erfolg wg. Leckagen
1876/77	J. Tellier	Le Figori-fique	Kaltdampf-maschine	Methyläther	Fleisch	Argentinien Frankreich	Erfolg, 25 t Kühl-fleisch, ca. 40 % Gewichtsverlust
1876/77	F. Carre	Paraguay	Absorption	Ammoniak-Wasser	Tiefkühl-fleisch	Argentinien Frankreich	Erfolg, Tief-kühlfleisch (-27 bis -30°C)
1879	Bell-Colemann	Circassia	Luftkälte-maschine	Luft	Kühlfleisch	USA England	Erfolg
1890	Bell-Colemann	Strathleven	Luftkälte-maschine	Luft	Tiefkühl-fleisch	Australien England	Einkauf 0,7 RM Verkauf 3,0 RM
1882	Bell-Colemann	Dunedin	Luftkälte-maschine	Luft	Tiefkühl-fleisch	Neuseeland England	Segelschiff
1888	Linde	White Star Line*1 Rotter-damsche Lloyd	Kaltdampf-maschine	Ammoniak (NH_3)	Fleisch	England	
1890	Hall/Wind-hausen	Highland Chief	Kaltdampf-maschine	Kohlen-dioxid (CO_2)	Fleisch	England	

*1 Reedereinamen aus [2]

Tabelle 1: **Übersicht über die wichtigsten Entwicklungsschritte der Pionierphase der Kühlschiffahrt** (Daten aus [1, 2, 3, 4])

2. Deutsche Kühlschiffsreedereien bis 1994

Die deutsche Kühlschiffahrt (nur Vollkühlschiffe) beginnt 1903 mit den ersten Kühlschiffen unter deutscher Flagge mit der Hamburg-Amerika-Linie und endet zum Manuskriptende mit der Reederei Leonhardt & Blumberg und der DSR. Sie läßt sich in vier Phasen einteilen, die in der Tabelle 2.1 nach verschiedenen Gesichtspunkten charakterisiert werden.

In der ersten und zweiten Phase wird dieser Schiffahrtszweig von wenigen Reedereien überwiegend zur eigenen Versorgung betrieben, die Technologie kommt anfangs aus England, und am Ende der zweiten Phase steht eine für Kühlschiffe leistungsfähige Werft- und Zulieferindustrie in Deutschland zur Verfügung. Beide Phasen enden mit Weltkriegen.

In der dritten Phase folgt dem zaghaften Wiederaufbau Anfang der fünfziger Jahre eine stürmische Entwicklung, an der elf Reedereien beteiligt sind. Mitte der sechziger Jahre verfügt die deutsche Handelsflotte mit 69 Kühlschiffen (210.000 BRT) weltweit über die meisten Kühlschiffe. Englands Handelsflotte besitzt zu dieser Zeit 55 Kühlschiffe, die jedoch mit ca. 410.000 BRT etwa den doppelten Rauminhalt haben.

Die größten Kühlschiffsflotten gehören den Reedereien, die auch gleichzeitig Bananen importieren. Das sind W. Bruns, F. Laeisz (AFC) und die Union, wobei die Union eng mit der United Fruit Company (heute Chiquita) zusammenarbeitete. Etwa die Hälfte der Kühlschiffe dient hauptsächlich zum Bananentransport von Mittelamerika und Südamerika nach Deutschland (Tabelle 2.2). Die anderen Kühlschiffsreedereien verchartern ihre Kühlschiffe weltweit, häufig an größere Kühlschiffpools, wie z. B. Salen (heute Cool-Carriers), die Mitte der sechziger Jahre mit 40–50 eigenen und gecharterten Kühlschiffen über eine große Kühlschiffsflotte verfügten. Gleiche Größenordnung mit 44 Schiffen erreichte zu dieser Zeit United Fruit mit angeschlossenen Reedereien unter verschiedenen Flaggen [8]. Die dritte Phase endet mit dem Verkauf bzw. der Ausflaggung aller deutschen Kühlschiffe.

Die deutschen Kühlschiffe dieser drei Phasen werden in [6] als Fotos mit den wichtigsten technischen Daten angegeben. Die vierte Phase wurde nicht dokumentiert, daher wird versucht, diese Schiffe hier abzubilden. Die vierte Phase wird 1984 von der Reederei Ernst Jacob und der Union mit dem Neubau BLUMENTHAL begonnen, der im nautischen Bereich (Brücke) mit Elementen vom Schiff der Zukunft (SdZ) ausgestattet wurde. Dieser Neubau ist auch im Bereich der Ladekühlanlage sehr interessant (Bild 2.1).

Bild 2.1: BLUMENTHAL, Neubau mit SdZ-Komponenten (z. B. Freifallrettungsboot) für die Reederei Jacob mit einer langfristigen Union-Charter, gebaut 1984 bei der Lübecker Flender Werft (Foto Flender Werft)

Bild 2.2: HANSA BREMEN (1989), erster Neubau einer Serie von sechs Kühlschiffen, vier gebaut beim Bremer Vulkan für Leonhardt & Blumberg, zwei bei der Schichau-Seebeck-Werft für Chiquita und Union (Foto Bremer Vulkan)

Die bisher im „Kühlschiffsbetrieb neue" Reederei Leonhardt & Blumberg nimmt in kurzer Zeit vier neue Kühlschiffe (Hansa-Klasse, Bild 2.2) in Betrieb. Die traditionelle Kühlschiffsreederei F. Laeisz betreibt die Kühlschiffahrt mit ausländischen Partnern unter fremden Flaggen. Die Reederei H. C. Horn („kleine Horn") wurde in den sechziger Jahren von der HSDG übernommen. Die HSDG hat sich Anfang der achtziger Jahre mit der englischen Reederei Blue Star Line zusammengeschlossen, die von London aus Kühlschiffahrt mit eigenen und gecharterten Schiffen unter dem Namen „Star Reefer" betreibt.
Willy Bruns & Co. hat keine eigenen Kühlschiffsaktivitäten mehr, ebenso wie Harald Schuldt. Die Reederei Horn-Linie („große Horn") hat ihre Schiffe ebenfalls ausgeflaggt bzw. neue Schiffe unter ausländischer Flagge in Dienst gestellt, die für Del Monte fahren.
Diese Veränderungen sind auch dadurch gekennzeichnet, daß der Bananenhandel und damit auch der Transport nach Europa, besonders nach Deutschland, internationaler wurde. Willy Bruns & Co. als großes Fruchtimporthaus wurde von Dole gekauft, Del Monte erschien 1971 auf dem deutschen Markt. AFC/Laeisz und Scipio/Union transportierten zunehmend mit fremden Schiffen.

Inzwischen (1995) betreiben wieder zwölf Reedereien mit 47 Schiffen Kühlschiffahrt, davon neun Schiffe unter deutscher Flagge (s. a. Tabelle 3.6).

2.1 Hamburg-Amerika-Linie (Hapag)

Das Engagement dieser Reederei in der Kühlschiffahrt mit Vollkühlschiffen ist kurz, jedoch ist sie die erste deutsche Reederei in diesem Schiffahrtszweig. Das ist auch interessant, da diese Schiffe anfangs zwischen Mittel- und Nordamerika in der Fruchtfahrt beschäftigt waren (Daten s. a. Tabelle 2.3).
Die 1847 gegründete Hamburg-Amerikanische-Packetfahrt-Actiengesellschaft begann mit Segelschiffen von Hamburg nach New York. Die Haupteinnahmen flossen anfangs aus dem Transport von Auswanderern in die „Neue Welt". Die Gründung erfolgte von 40 Hamburger Firmen mit Ferdinand Laeisz als Großaktionär. F. Laeisz wurde gemeinsam mit A. Godeffroy und E. Merck ins Direktorium gewählt. Zur Jahrhundertwende hatte die Hapag vor dem Norddeutschen Lloyd die zweitgrößte Flotte der Welt [9].

Bild 2.3: SIBIRIA, 1894 als HERTHA bei Blohm & Voss für die Kingsin Linie gebaut, 1898 in SIBIRIA umbenannt (Hapag), 1903 bei Blohm & Voss zum Kühlschiff umgebaut und im Atlas-Dienst ab 1903 im Bananentransport eingesetzt (Foto Hapag)

In dieser Zeit wurden von der Kingsin Linie (Deutsche-Dampfschiffs-Rhederei Hamburg) die bei Blohm & Voss gebauten Frachtschiffe GERDA (Baujahr 1892) und HERTHA (Baujahr 1894) übernommen und bei der Bauwerft 1903 zu Kühlschiffen umgebaut.

Die erste Reise erfolgte im Dezember 1903 (SIBIRIA, Bild 2.3) und Januar 1904 (SARNIA, Bild 1.4) im Atlas-Dienst der Hapag zwischen New York – Westindien und Mittelamerika. Die SARNIA wird 1914 in New York, die SIBIRIA in Baltimore wegen des 1. Weltkrieges aufgelegt. 1915 wird die SIBIRIA an die Atlantic Fruit Company, New York, verkauft, strandet 1916 und geht verloren. Ebenfalls 1915 wird die SARNIA an die United Fruit Company verkauft und als BAY-SARNIA gefahren, 1917 nach England und 1923 nach Frankreich verkauft. Der Name lautete hier PORT DE CETTE und 1924 LE LEVANT.

1925 erfolgt der Verkauf an die Türkei, wechselt hier unter dem Namen VATAN mehrmals den Eigentümer, läuft 1946 im Mittelmeer auf eine Mine und sinkt. Nach einem Dienstalter von insgesamt 54 Jahren fuhr die SARNIA etwa 40 Jahre als Kühlschiff unter vier Flaggen [6].

Die beiden 1912 in Großbritannien gebauten Kühlschiffe (EMIL L. BOAS, Bild 1.7, KARL SCHURZ) werden 1912 ebenfalls im Atlas-Dienst der Hapag beschäftigt. Diese Bananendampfer hatten Einrichtungen für 70 Passagiere der I. Klasse. In diesem Dienst bedienten sie mit der Linie New York – Port Limon/Santa Marta den Bananendienst gemeinsam mit der Atlantic Fruit Company in Konkurrenz zur mächtigen United Fruit Company. Auf Druck der United Fruit, eine Konkurrenzlinie zur Atlas Linie (New York – Westindien – Kolumbien – Zentralamerika) zu eröffnen, verkauft Hapag diese beiden Kühlschiffe 1914 an Elders & Fyffes. Diese englische Tochter der United Fruit benennt die Schiffe um, sie werden im 1. Weltkrieg als englische Hilfskreuzer ausgerüstet, danach im Bananendienst beschäftigt und 1933 abgewrackt [6].

Kühlgüter spielten auch in der weiteren Reedereientwicklung eine wichtige Rolle, allerdings auf Schiffen, die als Frachträume auch Kühlladeräume enthielten. Später war die Hapag gemeinsam mit dem Norddeutschen Lloyd maßgeblich an der Einführung der deutschen Containerschiffahrt beteiligt. Hier spielt der Kühlcontainer die Rolle der vorherigen Kühlladeräume. Dabei ist zu unterscheiden zwischen den Kühlcontainern und Isoliercontainern, obwohl die Begriffe häufig falsch gebraucht werden.

Bild 2.4: PANTHER, PUMA, die ersten Kühlschiffsneubauten nach dem 1. Weltkrieg für F. Laeisz, gebaut beim Bremer Vulkan (Foto Staatsarchiv, Hamburg)

Die Isoliercontainer benötigen ebenso wie die Kühlschiffe eine Ladungskühlanlage und ein Kaltluftsystem. An dieses Kaltluftsystem wird der Isoliercontainer mit zwei Kupplungen angeschlossen, je eine für die Zuluft und Abluft. Wegen der dazu notwendigen Öffnungen in der Stirnseite der Isoliercontainer werden sie auch als „Porthole-Container" bezeichnet.
Die Kühlcontainer sind ebenfalls isoliert, haben jedoch eine integrierte Ladungskühlanlage und benötigen auf dem Schiff lediglich einen Stromanschluß. Diese Kühlcontainer werden auch als „Integrated-Container" bezeichnet.

2.2 F. Laeisz

Die Reederei F. Laeisz hat gemeinsam mit der Afrikanischen Frucht Compagnie (AFC) ein wesentliches Stück der deutschen Kühlschiffahrtsgeschichte geschrieben. Der Name Laeisz ist jedoch auch mit der Hapag, der Hamburg-Süd und der Kosmos-Reederei verbunden, da Ferdinand Laeisz an deren Gründungen maßgeblich beteiligt war. Das erste Schiff der Reederei F. Laeisz wurde 1839 gebaut, etwa 75 Jahre später wurde mit der PUNGO das erste Kühlschiff, welches auch das erste Dampfschiff für Laeisz war, von der Joh. C. Tecklenborg-Werft in Geestemünde abgeliefert (Bild 1.8). Zwei dieser Schiffe wurden zum Transport der Bananen von Kamerun nach Deutschland gebaut, keines davon hat für die Reederei Laeisz Bananen befördert, da sie nach Kriegsende an England abgeliefert werden mußten.
Nach dem 1. Weltkrieg begann die deutsche Kühlschifffahrt mit den Laeisz-Neubauten PANTHER und PUMA vom Bremer Vulkan (Bild 2.4). Insgesamt wurden neun neue Kühlschiffe in dieser zweiten Phase von F. Laeisz in Dienst gestellt. Dieses wurde notwendig nach dem Rückkauf der Bananen-Plantagen in Kamerun durch die AFC, um die Bananen nach Deutschland zu transportieren.
Es folgten die PIONIER (II) (Bild 2.5), PELIKAN (Bild 2.6) und PONTOS, ebenfalls von dem Bremer Vulkan, und die PHYTON, PALIME, POMONA (Bild 2.7) und PANTHER von der Deutschen Werft in Hamburg. Die PANTHER wurde erst nach dem 2. Weltkrieg ihrem Verwendungszweck als Kühlschiff zugeführt und fuhr als

Bild 2.5: PIONIER, 1933/34 vom Bremer Vulkan gebaut, erstes deutsches Motorkühlschiff (F. Laeisz), zwischen Kamerun und Hamburg in der Bananenfahrt eingesetzt (Foto Deutsches Schiffahrtsmuseum, Bremerhaven)

Bild 2.6: PELIKAN, 1934/35 vom Bremer Vulkan für F. Laeisz erbaut für die Bananenfahrt nach Kamerun, 1940 an die Marine übergeben und 1946 als EMPIRE ALDE und PACUARE (Fyffes) als Fruchtschiff eingesetzt, 1959 in Schottland abgewrackt (Foto Deutsches Schiffahrtsmuseum, Bremerhaven)

Bild 2.7: POMONA, 1938 von der Deutschen Werft an F. Laeisz abgeliefert, für ein Jahr in der Bananenfahrt für F. Laeisz, wurde 1939 in England beschlagnahmt und wurde als EMPIRE MERCHANT torpediert (Foto Deutsches Schiffahrtsmuseum, Bremerhaven)

EMPIRE MOLE und REVENTAZON Kühlladung unter englischer Flagge. Die bisher angesprochenen Schiffe sind in der Tabelle 2.4 aufgeführt.

Nach dem 2. Weltkrieg begann die Reederei F. Laeisz 1951 mit drei Kühlschiffen, zwei davon, die PROTEUS und die PERSEUS (Bild 2.8) wurden von der Deutschen Werft, die PEGASUS von den Kieler Howaldtswerken erbaut. 1955 folgten die PERIKLES, PIRÄUS, 1956 die PARTHENON von der Deutschen Werft, 1957 die PORTUNAS, 1958 die PRIAMOS von den Howaldtswerken in Kiel und 1960 die PENTELIKON von der Deutschen Werft. Diese Schiffe hatten etwa die Größe und Geschwindigkeit wie vor dem Krieg.

Von 1964–1967 wurden weitere fünf Kühlschiffe von der Deutschen Werft an F. Laeisz abgeliefert, die PUNA, PONGAL, PISANG, PEKARI und PERSIMMON. Diese Schiffe waren größer und haben eine Laderaumvolumenvergrößerung von 230.000 auf 300.000 cuft erhalten, die Geschwindigkeit ist von 17 auf 22 kn erhöht worden. Hatte die Hauptmaschine der PRIAMOS (17 kn) eine Nennleistung von 5.140 PS, so betrug die Hauptmaschinennennleistung der PERSIMMON (22 kn) mit 11.420 PS mehr als doppelt soviel.

Die folgenden beiden Schiffe PICA (Bild 2.9) und PIROL wurden 1966 von den Howaldtswerken Hamburg geliefert und waren ebenfalls 22 kn schnell. Die PADUA (Bild 2.10) und PARMA (325.000 cuft) wurden aufgrund eines deutsch-englischen Devisenabkommens in Großbritannien gebaut und fuhren ab 1974 unter der DDR-Flagge bei der Deutschen Seereederei Rostock (DSR).

Ab Ende der sechziger Jahre wird der Ausflaggungstrend deutscher Reeder stärker, und zum 150jährigen Jubiläum der Reederei Laeisz sind keine Kühlschiffe unter deutscher Flagge mehr in Fahrt. Die vorstehenden Schiffe sind in der Tabelle 2.5 aufgeführt. Die Kühlschiffsaktivitäten von Laeisz werden unter belgischer Flagge gemeinsam mit der Reederei Ahlers weitergeführt, und auf der belgischen Boel-Werft entstanden die folgenden Neubauten POMONA (II) und PONTOS (II) (Bild 2.11) 1968, POCANTICO, POTOMAC und POCAHONTAS (Bild 2.12) in 1979 und 1980.

Die PONTOS (II) und POMONA (II) haben eine weitere Vergrößerung des Laderauminhaltes auf 385.000 cuft erhalten. Die Laderäume der nächsten Serie wurden auf 475.000 cuft vergrößert und wurden zusätzlich zum Transport von 57 Kühlcontainern à 40 Fuß an Deck eingerichtet. Dieses sind die größten Kühlschiffe von F. Laeisz.

Die folgende Kühlschiffsserie mit sechs Schiffen wurde wieder von der Boel-Werft geliefert. Sie erhielten den Namenszusatz CRYSTAL, werden daher auch als Crystal-Klasse bezeichnet und heißen CRYSTAL PRINCE, CRYSTAL PRIDE, CRYSTAL PRIMADONNA (Bild

Bild 2.8: PERSEUS, PROTEUS wurden 1951 von der Deutschen Werft nach dem Petersberger Abkommen für F. Laeisz gebaut, waren in der Bananenfahrt zwischen Ekuador und Europa beschäftigt (Foto Deutsches Schiffahrtsmuseum, Bremerhaven)

Bild 2.9: PIROL, PICA (1967), Kühlschiffe von den Hamburger Howaldtswerken für F. Laeisz, mit die letzten Laeisz-Kühlschiffe, die auf deutschen Werften gebaut wurden (Ansichtskarte, Reederei F. Laeisz)

Bild 2.10: PADUA, PARMA, 1967 von der Scott's Shipbuilding & Engineering Co., Greenock, als Bau-Nr. 710 [6] an F. Laeisz abgeliefert, in der Bananenfahrt eingesetzt und 1974 von der DSR Rostock als G. WEERTH übernommen (Ansichtskarte, Reederei F. Laeisz)

Bild 2.11: PONTOS, POMONA, 1968/69 auf der Boel-Werft (Belgien) gebaut für H. G. Ahlers und F. Laeisz. Wird unter belgischer Flagge von Salen gechartert und später unter Laeisz-Farben eingesetzt, z. Z. als AZALEA in Fahrt (Foto K. P. Kiedel, Bremerhaven)

Bild 2.12: POCAHONTAS, 1980 von der Boel-Werft an die Partenreederei „Pocahontas“ (F. Laeisz und belgische Partner), seit 1993 als SWAN LAGOON für Geest in Fahrt (Foto K. P. Kiedel, Bremerhaven)

Bild 2.13: CRYSTAL PRIMADONNA (Crystal-Klasse), das dritte Schiff einer Serie von sechs Kühlschiffen (1992–1994) für die Reederei Laeisz von der Boel-Werft. Hier in Antwerpen beim Löschen einer Ananasladung aus Afrika (Foto K.-H. Hochhaus)

Bild 2.14: BREMERHAVEN, 1921 von Workman, Clark & Co., Belfast, als REVANTOZON an Reederei Elders abgeliefert und 1936 von der Union gekauft und in der Bananenfahrt Bremerhaven–Mittelamerika eingesetzt (Foto Deutsches Schiffahrtsmuseum, Bremerhaven)

2.13), CRYSTAL PRIVILEGE, CRYSTAL PILGRIM und CRYSTAL PIONEER. Sowohl in der Laderaumgröße mit 375.000 cuft als auch in der Geschwindigkeit von 20 kn sind erstmals keine Erhöhungen, sondern Reduzierungen zu verzeichnen. Als Neuerungen wurden diese Schiffe technisch für die „kontrollierte Atmosphäre" vorbereitet, erhielten extrem kleine nach Stb versetzte Luken und spezielle Palettenkräne an der Stb-Seite. Diese Kühlschiffe sind in der Tabelle 2.6 mit einigen Daten aufgeführt.

2.3 Union Handels- und Schiffahrts Gesellschaft mbH (Union)

Die Union Handels- und Schiffahrts Gesellschaft mbH wurde von dem Fruchthändler Gustav Scipio 1935 als „Transportgemeinschaft eigener Waren" gegründet. Sie transportierte dabei mit sechs Kühlschiffen Südfrüchte von Mittelamerika nach Bremerhaven und Fertigwaren aus dem Rheinland und Westfalen nach New York. Das Kapital von 1 Million Reichsmark stammte zu je einem Drittel aus Bremen, Hamburg und von der United Fruit Company aus Boston [9].

Wie aus der Tabelle 2.7 ersichtlich, beginnt die Union mit sechs eigenen Schiffen, die kurzfristig überwiegend aus England von Elders und Fyffes angekauft wurden, wie die VEGESACK, WESERMÜNDE, BRAKE und BREMERHAVEN (s. Bild 2.14). Von der Midgard (1905 von Adolf Vinnen gegründet) übernahm die Union die zwei Kühlschiffe OLDENBURG (ex PUNGO) und NORDENHAM (ex PIONIER), die 1914 von der Werft Joh. C. Tecklenborg an F. Laeisz abgeliefert wurden. Mit diesen Schiffen wurden Bananen von Mittelamerika nach Bremerhaven befördert. Zwischen den beiden Weltkriegen war die Union die zweitgrößte Kühlschiffsreederei nach F. Laeisz. Alle Schiffe hatten Dreifach-Expansions-Dampfmaschinen als Hauptantrieb, und die aus England gekauften Schiffe hatten etwa 30 % mehr Laderaum als die im Alter vergleichbaren Laeisz-Neubauten. Die sechs von der Union bereederten Kühlschiffe wurden entweder durch Kriegseinwirkungen vernichtet oder mußten an die Siegermächte abgeliefert werden.

Nach dem 2. Weltkrieg wurden die Kühlschiffe BREMERHAVEN (II) (Bild 2.16) und NORDENHAM (II) beim Bremer Vulkan gebaut und 1955 abgeliefert. Das waren die bisher ersten Neubauten für die Union. 1956 wurden die BRAKE (ex BRANITA) aus Norwegen und 1957 die BLEXEN (ex CHIRIQUI) und BLUMENTHAL (ex JAMAICA) aus den USA von der United Fruit gekauft. Die letzteren wurden beim Bremer Vulkan umgebaut (Bild 2.15a und 2.15b) und modernisiert, dabei wurden die umfangreichen Passagiereinrichtungen für 100 Passagiere

Bild 2.15a: BLEXEN (ex CHIRIQUI), gebaut 1932 von Newport News S. S., 1957 für die Union beim Bremer Vulkan umgebaut, hier vor dem Umbau am „alten Bremerhavener Bananenschuppen“ (Foto Ernst E. Rinke, Sammlung Deutsches Schiffahrtsmuseum, Bremerhaven)

Bild 2.15b: BLEXEN nach dem Umbau beim Bremer Vulkan, das Deckshaus reicht jetzt bis zum zweiten Rettungsboot. BLEXEN und die baugleiche BLUMENTHAL sind die größten Kühlschiffe in der deutschen Flotte (1969 abgewrackt) (Foto Deutsches Schiffahrtsmuseum, Bremerhaven)

Bild 2.16: BREMERHAVEN, 1955 vom Bremer Vulkan an K. R. Scipio & Co. (Union) abgeliefert und in der Bananenfahrt (Zentralamerika–Bremerhaven) eingesetzt, 1979 als LINGAYE (Monrovia) nach Brand und Strandung abgebrochen (Foto Ernst E. Rinke, Sammlung Deutsches Schiffahrtsmuseum, Bremerhaven)

und Besatzungsräume zum Teil in Ladekühlräume umgebaut. Der turboelektrische Antrieb wurde beibehalten, und diese Schiffe waren für die folgenden zwölf Jahre die größten Kühlschiffe unter deutscher Flagge (s. Tabelle 2.7).

Weitere Neubauten folgten 1959 mit der VEGESACK (Bild 2.17), WESERMÜNDE (II), 1964 mit der NIENBURG vom Bremer Vulkan und 1963/64 mit der ELSFLETH und MINDEN von der Rickmerswerft in Bremerhaven. Die MINDEN und die 1964 vom Bremer Vulkan abgelieferte NIENBURG werden im Hauptmaschinen- und Kühlanlagenbetrieb weitgehend automatisiert, wodurch die Besatzung reduziert werden konnte. 1972 wird die 1965 bei den Howaldtswerken in Hamburg gebaute AUGUSTENBURG von H. Schuldt gekauft und als BLEXEN eingesetzt.

Alle neuen Union-Kühlschiffe nach dem 2. Weltkrieg haben als Hauptmotoren langsamlaufende 2-Takt-Motoren erhalten. Die nächsten Neubauten, die BLUMENTHAL (II), 1974 von den Howaldtswerken Deutsche Werft, Hamburg, und BREMERHAVEN (III), 1975 von der Drammen Slip & Verksted, erhalten je zwei mittelschnellaufende 4-Takt-Dieselmotoren mit je 18 Zylindern und insgesamt 23.400 PS. Diese Schiffe werden als letzte Kühlschiffe unter deutscher Flagge 1981 an Lauritzen (DK) verkauft. Damit hat die Union ihre Flotte aufgelöst und setzt seither Chartertonnage ein. Einige Daten dieser Schiffe sind aus der Tabelle 2.8 ersichtlich.

Der Neubeginn der Kühlschiffahrt unter deutscher Flagge erfolgt 1984 mit der BLUMENTHAL (III) (Bild 2.1) und BREMERHAVEN (IV) (Bild 2.46), Neubauten von der Lübecker Flender Werft. Diese Schiffe wurden teilweise mit Elementen aus dem BMFT-Forschungsprojekt „Schiff der Zukunft" ausgerüstet. Das hier erstmals in der deutschen Handelsflotte angewendete Freifallrettungsboot ist in dem Bild 2.1 deutlich zu erkennen.

Die Schiffe wurden für die Reederei E. Jacob gebaut und von der mit der Union verbundenen Atlanta Handels- und Schiffahrts Gesellschaft mbH bis 1989 gechartert. Für einige Jahre fahren Kühlschiffe der Snow-Klasse (Management Frigomaris) mit den Union-Farben unter der Flagge von Bahamas (Bild 2.18, 2.45 und 3.4). Seit Mitte 1993 werden die Bananen der Atlanta-Gruppe überwiegend von Great White Fleet-Schiffen der Chiquita-Länder-Klasse (Bild 3.10) und der Hansa-Klasse (CHIQUITA BREMEN, CHIQUITA ROSTOCK, s. a. Bild 2.19) nach Bremerhaven transportiert, die CHIQUITA BREMEN und CHIQUITA ROSTOCK werden von der Union bereedert.

Bild 2.17: Die VEGESACK wurde 1959 vom Bremer Vulkan abgeliefert und von der Union zwischen Zentralamerika und Bremerhaven in der Bananenfahrt eingesetzt, sie ist etwa baugleich mit der BREMERHAVEN, jedoch mit Kränen ausgerüstet (Foto Eberhard Haase, Sammlung Deutsches Schiffahrtsmuseum, Bremerhaven)

Bild 2.18: SNOW FLOWER (Snow-Klasse, acht Schiffe 1970–1972, Ciotat/F) nach Aufliegezeit in Bremerhaven wieder in Fahrt, hier 1994 am neuen Fruchtschuppen in Hamburg (Foto K.-H. Hochhaus)

Bild 2.19: CHIQUITA ROSTOCK, 1992 von der Schichau-Seebeck-Werft abgeliefertes Kühlschiff der Hansa-Klasse für Chiquita, bereedert von der Union, dieses Schiff wurde mit CA ausgerüstet (Foto Schichau-Seebeck-Werft)

Bild 2.20: URSULA HORN, ein typisches Tiefkühlschiff von H. C. Horn („Hörnchen" genannt), gebaut 1959 bei der Sietas Schiffswerft in Neuenfelde, eingerichtet für weltweite Fahrt. Von diesen Schiffen ist ein „Hörnchen" 1995 noch in Fahrt (Foto Sammlung K.-H. Hochhaus)

Bild 2.21: HORNBAY, 1955 von der Deutschen Werft gebaut und an die Horn-Linie abgeliefert. In der Fruchtfahrt von Mittelamerika nach Hamburg eingesetzt, als KUO MING 1975 abgewrackt (Foto Deutsches Schiffahrtsmuseum, Bremerhaven)

2.4 **Horn-Reedereien, „Horn-Linie“ und „Heinrich C. Horn“**

Die Reederei Horn entstand aus einer 1864 gegründeten Firma, die anfänglich Zündhölzer herstellte und mit Kohlen handelte [11]. Erste aktive Erfahrungen mit der Fruchtfahrt aus dem Mittelmeer und von den Kanarischen Inseln erfolgten von 1904 bis 1912 mit sieben Schiffen. Es folgte eine wechselvolle Entwicklung in der Linien-, Tramp- und Passagierfahrt, Vollkühlschiffe wurden vor dem 2. Weltkrieg nicht betrieben.
Da Hypotheken-Rückzahlungen der Horn-Reederei nach England schon vor dem 2. Weltkrieg von Berlin nicht mehr transferiert wurden, war ein Neubeginn unter altem Namen nach dem Krieg nicht möglich. Es gab zwei Neuanfänge.

H. C. Horn

Heinz Horn baute eine Reederei mit dem Namen „H. C. Horn“ auf, deren Flotte nur aus kleinen Kühlschiffen für die Tiefkühlfahrt bestand. Die ersten Schiffe CONSUL HORN, THERESE HORN, HENRY HORN und MIMI HORN wurden 1957 von der Sietas Schiffswerft und der Schlichting-Werft, Travemünde, abgeliefert. 1958 folgten vier neue Schiffe von der Sietas Schiffswerft, die DORA HORN, STADT SCHLESWIG, INGRID HORN, HEINZ HORN, und zwei Neubauten von der Schlichting-Werft, die CLAUS HORN und WALDTRAUT HORN.
Die STADT SCHLESWIG wurde als dritte Trägerin dieses Namens 75 Jahre nach dem ersten Horn-Dampfer (STADT SCHLESWIG, Bau-Nr. 104, Ulrich-Werft, Vegesack) in Dienst gestellt (s. Tabelle 2.9). Die nächsten Neubauten kamen nur noch von der Sietas Schiffswerft, 1959 HILDE HORN, URSULA HORN (Bild 2.20), MARIE HORN, IRMGARD HORN und HERBERT HORN, zwei weitere 1960, HARALD HORN und CAROLINE HORN, und das letzte 1961, die LUISE HORN. Die Daten dieser Schiffe sind in der Tabelle 2.10 aufgeführt.
Bis zu dieser Zeit gab es keine derartig kleinen Kühlschiffe, die für den weltweiten Betrieb einsetzbar waren. Kleine Kühlladungspartien wurden auf Linien- oder Trampschiffen mit Kühlräumen transportiert. Die Reederei kam Mitte der sechziger Jahre in Schwierigkeiten, und die Schiffe wurden von Rudolf Oetker übernommen und bald darauf verkauft.

Horn-Linie

Die zweite Horn-Reederei nach dem 2. Weltkrieg, die „Horn-Linie“, wird 1949 von Ernst Müller-Stinnes gegründet und stellte 1955 die ersten Vollkühlschiffe HORNCAP und HORNBAY (Bild 2.21) in den Dienst. Diese Schiffe wurden von der Deutschen Werft, Hamburg, ge-

Bild 2.22: HORNKOOG (Deutsche Werft), 1959 von der Horn-Linie für die Fruchtfahrt zwischen Mittelamerika und Hamburg in Dienst gestellt, letztes Kühlschiff der Horn-Linie unter deutscher Flagge (Foto Deutsches Schiffahrtsmuseum, Bremerhaven)

baut und sind technisch weitgehend identisch mit den Laeisz-Schiffen PROTEUS und PERSEUS. Die Deutsche Werft liefert vier Jahre später auch die HORNKOOG (Bild 2.22) und HORNDEICH ab.

Die Horn-Linie wird 1962 zu je 50 % von der Hapag und der Compagnie Generale Transatlantique (CGT) übernommen. Diese Verbindung wird 1975 wieder gelöst, Hapag hat inzwischen mit dem Norddeutschen Lloyd und die CGT mit der CGM fusioniert.

1969/70 werden die beiden Kühlschiffe der Horn-Linie nach China und den Philippinen verkauft.

1981 wurden die unter liberianischer Flagge fahrenden Kühlschiffe HORNCAP und HORNBAY (mit Ro-Ro-Heckklappe) von der Muttergesellschaft bereedert, die den traditionellen Fruchtdienst nach Hamburg aufrechterhalten. Diese Schiffe wurden 1981 in Frankreich gebaut und versorgten auf der Ballastreise die französischen Karibik-Inseln. Weitere Schiffe werden zusätzlich gechartert, erhalten Horn-Namen, und der Schornstein erhält die typischen Horn-Farben mit dem „H“.

Die Kühlschiffe der Horn-Linie fahren seit 1971 überwiegend Bananen für Del Monte, aber auch andere Früchte wie Ananas, Melonen und Mangos. Der nordeuropäische Generalimporteur für diese Bananen ist die Internationale Fruchtimportgesellschaft Weichert & Co. (Inter Weichert, Hamburg).

1986 wurden drei Ro-Ro-Kühlschiffe (Baujahr 1973/74) von der Muttergesellschaft übernommen, die zuvor nach Liberia ausgeflaggt wurden. Diese Schiffe HORNGULF, HORNSTAR und HORNWIND hatten ebenfalls Heckklappen und waren jeweils mit zwei mittelschnellaufenden Pielstick-4-Takt-Motoren ausgestattet (Bild 2.23). Diese Schiffe wurden 1991/92 aus dem Dienst genommen und durch die drei Neubauten HORNBAY, HORNCAP und HORNCLIFF ersetzt (s. Tabelle 2.11), die auf der Uljanik-Werft in Jugoslawien wiederum als Ro-Ro-Kühlschiffe mit einer Heckklappe gebaut wurden (Bild 2.24). Zwei weitere Kühlschiffe werden zusätzlich gechartert, um einen wöchentlichen Dienst durchführen zu können, da eine Rundreise fünf Wochen dauert (Bild 2.25 und 2.26).

2.5 W. Bruns & Co.

Die Geschichte der Kühlschiffsreederei W. Bruns & Co. beginnt vor dem 2. Weltkrieg mit Anteilen an den Kühlschiffen AHRENSBURG und ANGELBURG von H. Schuldt.

Die Reederei W. Bruns kaufte 1950 mit der BRITISH COLUMBIA EXPRESS gemeinsam mit den Fruchtimporthäusern Bruns, Bey, Lehmann und Stier das erste deutsche Kühlschiff nach dem Krieg. Es wurde in QUADRIGA umbenannt und bis 1961 im Fruchttransport nach Deutschland eingesetzt.

Im Jahre 1952 erfolgten die Ablieferungen der ersten Neubauten QUARTOLE (Bild 2.27), QUADRIVIUM und

Bild 2.23: HORNSTAR (ex POINTE SANS SOUCI), ein typisches Ro-Ro-Kühlschiff der Horn-Linie mit Heckklappe, hier an der „alten“ Bananenpier in Hamburg, 1992 (Foto K.-H. Hochhaus)

Bild 2.24: HORNCAP, einer von drei Neubauten für die Horn-Linie von der Uljanik-Werft (Jugoslawien) mit Heckklappe, hier am „neuen“ Fruchtterminal in Hamburg (Foto K.-H. Hochhaus)

Bild 2.25: HORNSTRAIT, 1995 gechartertes Kühlschiff von Star Reefers (Blue Star Line und Hamburg Süd), hier in Hamburg wird gerade der Schornstein umgemalt (Foto K.-H. Hochhaus)

Bild 2.26: Schornstein der HORNSTRAIT (ex CHIQUITA TAUU), die Stb-Seite des Schornsteins ist schon Horn (Del Monte), die Bb-Seite noch Great White Fleet (Chiquita) (Foto K.-H. Hochhaus)

Bild 2.27: QUARTOLE, der erste Neubau für die Reederei W. Bruns & Co., gebaut und Ablieferung 1952 von der Flender Werft mit dieselelektrischem Zusatzantrieb (Foto Flender Werft)

Bild 2.28: BRUNSHAUSEN (II), 1963 von Blohm & Voss an W. Bruns & Co. abgeliefert als Prototyp einer sehr erfolgreichen Kühlschiffsserie von vier Werften. Hier in Geest-Charter von oben fotografiert, 1966 als TSIKLON nach der UdSSR verkauft (Foto Deutsches Schiffahrtsmuseum, Bremerhaven)

Bild 2.29: BRUNSHAUSEN (III), 1968 von den Howaldtswerken Hamburg an die Reederei W. Bruns & Co. abgeliefert, sie wurde in der weltweiten Kühlschiffahrt eingesetzt (Foto E. Haase, Sammlung Deutsches Schiffahrtsmuseum, Bremerhaven)

QUARTETT (1955) von den Lübecker Flenderwerken, die als Besonderheit einen diesel-elektrischen Zusatzantrieb mit 1.100 PS erhielten. Diese Schiffe wurden nach dem Petersberger Abkommen gebaut, durften maximal 3.000 BRT haben und 16,5 kn laufen (ansonsten galten die Bedingungen des Potsdamer Abkommens mit 1.500 BRT und 12 kn).

1955 folgten die BRUNSBÜTTEL von den Kieler Howaldtswerken, die BRUNSHAUSEN von den Hamburger Howaldtswerken und 1956 die BRUNSWICK von H. C. Stülcken Sohn.

Die BRUNSWICK wurde in eine Kollision auf der Elbe verwickelt. Bei den anschließenden Reparaturarbeiten bei den Howaldtswerken in Hamburg kenterte sie und wurde sechs Wochen später wieder aufgerichtet, bei der Stülcken-Werft repariert und zum Viehtransporter umgebaut.

Von den Kieler Howaldtswerken werden 1959 die BRUNSECK, BRUNSHOLM, 1961 die BRUNSDEICH und von den Howaldtswerken Hamburg 1963 die BRUNSBÜTTEL (II) abgeliefert.

Die BRUNSHAUSEN (II) (Bild 2.28), BRUNSHOLM (II) und die BRUNSLAND wurden 1963/64 in Dienst gestellt, sie waren die einzigen Kühlschiffe, die von Blohm & Voss für Bruns gebaut wurden. Diese Schiffsklasse wurde von Blohm & Voss entwickelt und auch von den Lübecker Flenderwerken und den Howaldtswerken Hamburg für Bruns gebaut. Bruns erhielt insgesamt neun dieser Schiffe, weitere wurden für die UdSSR gebaut.

Von der Reederei Torvald Klaveness kaufte Bruns 1966 zwei Kühlschiffe, die BRUNSBERG ex BALSA und die BRUNSTAL ex BALEARES, die beide 1960 von der N. V. Verschure-Werft, Amsterdam, gebaut wurden.

Die BRUNSHOEFT und BRUNSTOR wurden 1966 von

Bild 2.30: RIO GUAYAS ex TROPICAL LAND ex BRUNSLAND (II), 1993 zu Gast im Hamburger Hafen mit einer Ladung Dole-Bananen (Foto K.-H. Hochhaus)

den Rheinstahl-Nordseewerken abgeliefert, sie sind ebenfalls Nachbauten der Brunshausen-Klasse. Weitere sieben Kühlschiffe dieses Typs wurden von den Rheinstahl-Nordseewerken in Zusammenarbeit mit Bruns 1964 an die UdSSR geliefert. Die BRUNSHOEFT und BRUNSTOR wurden 1975 ebenfalls an die UdSSR verkauft.

Von der Union wurde 1975 die BLEXEN gekauft, die als BRUNSKAMP bis 1978 für Bruns fuhr.

Die BRUNSHAUSEN (III) (Bild 2.29) und BRUNSBÜTTEL (III) werden 1967/68 von den Howaldtswerken Hamburg abgeliefert, diese beiden Schiffe sind etwas breiter und haben ähnliche Daten wie die erfolgreiche Brunshausen-Klasse. Mit der BRUNSRODE und BRUNSWICK (II) wurden 1969 Kühlschiffe abgeliefert, die mit zwei mittelschnellaufenden 4-Takt-Dieselmotoren mit je zwölf Zylindern ausgerüstet wurden. Die BRUNSLAND wurde als letztes Kühlschiff von Bruns erworben, sie wurde 1972 von Nylands Verksted in Oslo für die Sogar-Shipping in Glasgow gebaut, 1976 wegen Hypothekenforderungen in Bremerhaven an die Kette gelegt und von Bruns gekauft. Dieses Schiff wurde allerdings 1978 wieder verkauft wie der Rest der Bruns-Flotte.

Die BRUNSLAND wurde an eine Gesellschaft verkauft, die Castle & Cooke (Dole) nahesteht, fuhr als TROPICAL LAND bis 1986 und ist im Bild 2.30 als RIO GUAYAS Gast im Hamburger Hafen. Einige Schiffsdaten sind in den Tabellen 2.12, 2.13 und 2.14 aufgeführt.

Die Reederei war ein Teil des bedeutenden Frucht-Importhauses W. Bruns, welches bis in die siebziger Jahre eine wichtige Stellung, besonders bei der Produktion und Einfuhr der Bananen aus Ekuador, innehatte. Die Bananenmarke von W. Bruns „bajella" hatte 1971 in der BRD fast 10 % Marktanteil.

Die Firma Ph. Astheimer & Sohn vermarktet die Bananen von Castle & Cooke (USA) unter dem Markennamen Dole. Dieses Unternehmen kauften W. Bruns & Co. auf und errangen damit den zweiten Platz als deutscher Bananenimporteur nach der Atlanta-Gruppe (Scipio, Union).

2.6 **Hamburg-Südamerikanische Dampfschiffahrtsgesellschaft Eggert & Amsinck (Hamburg Süd)**

Diese traditionsreiche Reederei wurde 1871 von bedeutenden Hamburger Kaufleuten wie A. Amsinck, J. Berenberg-Goßler, A. Bolten, C. Laeisz, C. Woermann und anderen gegründet [9, 10] und soll hier ebenso wie die Reederei Laeisz etwas ausführlicher behandelt werden.

Im Geschäftsbericht der Hamburg Süd 1938 steht [10]: „Besondere Aufmerksamkeit wenden wir der neuerdings stark ansteigenden Einfuhr von Früchten aus Argentinien und Brasilien nach Deutschland zu und versehen zunächst neun unserer Schiffe mit Luft-Kühl-Einrichtungen für die Beförderung von Apfelsinen, Bananen, Äpfeln usw."

Bild 2.31: CAP VALIENTE, bei den Kieler Howaldtswerken gebaut und 1960 an die Hamburg Süd abgeliefert. In der weltweiten Kühlfahrt mit den Schwesterschiffen CAP CORRIENTES, CAP DOMINGO eingesetzt (Foto Deutsches Schiffahrtsmuseum, Bremerhaven)

Hierbei handelte es sich um damals übliche Linienschiffe, die Stückgut in Laderäumen, Süßöl in Fässern oder speziellen Süßöltanks, Kühlladung in Kühlräumen und Passagiere, Auswanderer und Saisonarbeiter in verschiedenen Klassen transportierten.

An gleicher Stelle wird in [10] über den Umbau der D. VIGO in ein Gefrierschiff und an anderer Stelle (Geschäftsbericht 1936) über den „Kauf von fünf Frachtschiffen mit Gefrierladungseinrichtungen" berichtet. Diese Einrichtungen wurden teilweise vergrößert.

Viele Impulse der deutschen Kühlschiffahrt vor dem 1. und 2. Weltkrieg (erste und zweite Phase) stammen von der Reederei F. Laeisz. Dieses gilt für den Neuanfang nach dem 2. Weltkrieg auch für die Hamburg Süd.

Diese dritte Phase begann in den fünfziger Jahren und endete etwa 1980/81 mit dem Verkauf der letzten Kühlschiffe unter deutscher Flagge. In der Südamerikafahrt wurden bereits umfangreiche Erfahrungen mit Kühlladungen (Früchte, Fleisch) und der Kühltechnik gesammelt, die CAP VILANO (1906) war das erste Schiff mit Kühlladeraum.

1958 wurden von der Hamburg Süd die ersten Kühlschiffe (Bild 2.31) CAP DOMINGO, CAP CORRIENTES und 1960 die CAP VALIENTE von den Kieler Howaldtswerken übernommen, 1959 folgte die ALEXANDER VON HUMBOLDT von der Sietas Schiffswerft, die 1965 in BABITONGA umbenannt wurde. Dieses Schiff war das bisher größte Kühlschiff der Sietas Schiffswerft, die in dieser Zeit für die Reederei H. C. Horn insgesamt 14 Kühlschiffe gebaut hat (s. Tabellen 2.9 und 2.10).

Die Hamburg Süd war an acht der kleinen Horn-Schiffe beteiligt und hat zunehmend die Bereederung dieser Schiffe übernommen, jedes Schiff war eine Gesellschaft.

Von der Hamburger Werft Blohm & Voss wurden 1964 die POLARLICHT (Bild 2.32) und von der Deutschen Werft die POLARSTERN (Bild 2.33) abgeliefert, die weitgehend automatisiert waren. Danach folgte 1967 und 1968 von Blohm & Voss eine Serie von insgesamt sechs Kühlschiffen POLAR ARGENTINA (Bild 2.34), POLAR BRASIL, POLAR COLOMBIA, POLAR ECUADOR, POLAR PARAGUAY und POLAR URUGUAY mit 4-Takt-Hauptmotoren, die in mehrfacher Hinsicht Aufmerksamkeit erregten. Sie waren zu dieser Zeit die größten und schnellsten deutschen Kühlschiffe und für einen 16stündigen wachfreien Betrieb eingerichtet (s. Tabelle 2.15). Nur auf den Probefahrten zeigten diese Schiffe den „Hamburg-Süd-Schornstein", danach gingen sie in Charter anderer Reedereien oder Kühlschiffpools wie z. B. Salen und trugen deren Schornsteinembleme.

Von der Flender Werft wurden 1979 die letzten beiden Kühlschiffe POLAR HONDURAS und POLAR COSTA RICA für die Hamburg-Süd abgeliefert (Bild 2.35). Diese

Bild 2.32: POLARLICHT, 1964 von Blohm & Voss an die Hamburg Süd abgeliefert, beide Schiffe (POLARLICHT, POLARSTERN) wurden in der weltweiten Kühlfahrt eingesetzt (Foto Deutsches Schiffahrtsmuseum, Bremerhaven)

Bild 2.33: POLARSTERN, 1964 Stapellauf und Ablieferung von der Deutschen Werft für die Hamburg Süd (Foto Deutsches Schiffahrtsmuseum, Bremerhaven)

Bild 2.34: POLAR ARGENTINA (Ablieferung 1968), ein Kühlschiff der Polar-Länderklasse für die HSDG von Blohm & Voss, die damals größten Kühlschiffe der deutschen Flotte mit progressiver Technik und ungewöhnlicher Anordnung des Brückenhauses und der Schornsteine. Eines dieser Schiffe ist 1995 unter dem Namen MIRAMAR noch in Fahrt (Foto Deutsches Schiffahrtsmuseum, Bremerhaven)

Bild 2.35: POLAR COSTA RICA, POLAR HONDURAS, Kühlschiffe von der Flender Werft mit bewährter Technik und konservativer äußeren Silhouette, 1995 wieder unter diesem Namen in Hamburg-Süd-Charter für Star Reefer in Fahrt (Foto Flender Werft)

Bild 2.36: POLAR BRASIL, 1992 gebaut auf der Werft Stoczina Gdanska und als NUMERIAN abgeliefert, 1995 von der Hamburg Süd gekauft und im Star-Reefer-Pool eingesetzt. Es wurden vier Schiffe gekauft und unter den traditionellen POLAR-Länder-Namen eingesetzt (Foto K.-H. Hochhaus)

Schiffe wurden für den Hauptantrieb wieder mit langsamlaufenden 2-Takt-Motoren ausgerüstet und bereits ein Jahr später nach England verkauft, womit auch diese Reederei wie andere sich von ihren Kühlschiffen trennte. Zukünftig spielt die Kühlladung für die Hamburg Süd eine wichtige Rolle, der Schwerpunkt hat sich jedoch in den Bereich der Kühlcontainer verschoben. Weitere Kühlschiffsaktivitäten erfolgten gemeinsam mit dem englischen Kühlschiffspool Star Reefer, 1995 wird bekannt, daß die Hamburg Süd vier gebrauchte Kühlschiffe gekauft hat (Bild 2.36).

2.7 **Harald Schuldt**

1868 erfolgte die Gründung der Reederei H. Schuldt in Flensburg, deren Schiffe anfangs im weltweiten Trampverkehr mit Schwerpunkt Kuba, Mexiko und US Golf verkehrten. 1933 wurden der Firmensitz nach Hamburg verlegt und 1939 die Frucht-Reederei Harald Schuldt & Co. gegründet [9].

Die ANGELBURG wurde 1938 von der Öresundvarvet als VIATOR abgeliefert und 1939 von Schuldt als erstes Kühlschiff übernommen. 1939 folgte die AHRENSBURG (Bild 2.37), die kurz zuvor von Burmeister & Wain als PRINSDAL für Norwegen abgeliefert wurde. Nach wenigen Reisen für H. Schuldt folgte die Übernahme durch die Kriegsmarine und wurde ab 1946 als THORNES, 1947 als MONA LISA von norwegischen Reedereien betrieben. Als SOMALIA wurde sie nach Italien, 1965 als CHEN-CHANG und 1966 als CHUNG TAI nach Panama und 1969 zum Abbruch nach Taiwan verkauft.

Es folgte 1951 die zweite ANGELBURG von den Kieler Howaldtswerken (Petersberger Abkommen, baugleich mit der PEGASUS), die 1966 als CHEN HSING verkauft wurde. 1956 wurden die AHRENSBURG (Bild 2.38) und 1959 die ASSEBURG von den Kieler Howaldtswerken abgeliefert. 1959 wurden die ALDENBURG und 1959 die ARTLENBURG von der finnischen Valmet Oy Pansion in Turku abgeliefert, die dort nach Plänen der Deutschen Werft gebaut wurden. Diese Schiffe sind baugleich mit den Laeisz-Schiffen PERSEUS, PROTEUS und HORNBAY sowie HORNCAP von der Horn-Linie.

Ab 1965 folgte die AUGUSTENBURG von den Howaldtswerken Hamburg, dieses Schiff fährt anschließend

Bild 2.37: AHRENSBURG, 1939 als PRINSDAL bei Burmeister & Wain vom Stapel gelaufen, von der Reederei H. Schuldt 1939 gekauft und unter dem Namen AHRENSBURG als Kühlschiff eingesetzt. Später zur Kriegsmarine, 1946 als THORNES, 1947 als MONA LISA, 1965 als CHENCHANG in Dienst und 1968 als CHENCHANG abgewrackt (Foto Deutsches Schiffahrtsmuseum, Bremerhaven)

Bild 2.38: Die zweite AHRENSBURG als Kühlschiff, 1956 von der Kieler Howaldtswerke AG an die Reederei H. Schuldt abgeliefert und bis 1966 für H. Schuldt in der Fruchtfahrt beschäftigt (Foto Deutsches Schiffahrtsmuseum, Bremerhaven)

Bild 2.39: ALSTERTOR (ex ROSE), 1938 auf der Öresundvarvet, Landskrona, gebaut, 1939 von Rob. M. Sloman jr. gekauft, als Kühlschiff nur kurz beschäftigt, als Hilfskreuzer-Versorger eingesetzt und 1941 durch Selbstversenkung gesunken (Foto Deutsches Schiffahrtsmuseum, Bremerhaven)

für die Union/Scipio und W. Bruns. Von den Kieler Howaldtswerken wurde 1966 bis 1969 (HDW) eine Serie von fünf Kühlschiffen für H. Schuldt gebaut. Diese Schiffe wurden 1979 nach Monrovia verkauft (Daten s. Tabelle 2.16).

2.8 **Rob. M. Sloman jr.**

Die 1793 in Hamburg gegründete Reederei begann 1836, „in Pakete verpackte Post" zwischen Hamburg und New York zu befördern. Diese „Packetfahrer" waren Segelschiffe, doch schon 1850 stellte die Reederei den ersten Dampfer, die HELENE SLOMAN, in Dienst, der nach New York fuhr, jedoch auf der dritten Reise verlorenging.

Die ersten Kühlschiffe wurden 1939 erworben. Die ALSTERTOR (Bild 2.39), die 1938 als ROSE für die Reederei Anders Jahre, Sandefjord, in Landskrona gebaut wurde, und die ALSTERUFER, die auf der Eriksberg-Werft in Göteborg erbaut wurde. Beide Schiffe wurden im 2. Weltkrieg als Hilfskreuzerversorger bzw. als Blockadebrecher eingesetzt und gingen verloren.

1952 wird der Neubau ALSTERTOR von der Deutschen Werft abgeliefert und in Dienst gestellt.

1954 wurde die zweite ALSTERUFER als Neubau ebenfalls von der Deutschen Werft, Hamburg, abgeliefert und in der Ekuador-Fruchtfahrt nach Hamburg eingesetzt. Dieses Schiff war baugleich mit der PERIKLES von F. Laeisz. 1956 wurde die ALSTERKAMP aus Norwegen angekauft, die als GLOMDAL von der Öresundsvarvet, Landskrona, 1949 abgeliefert wurde.

Der erste Kühlschiffsneubau von Blohm & Voss, die ALSTERBLICK, wird 1959 übernommen, anfangs in der Linienfahrt auf Hamburg und später in der Trampfahrt eingesetzt.

Mit der SLOMAN ALSTERPARK und SLOMAN ALSTERTOR (Bild 2.40) folgten 1968 von der Howaldtswerke Deutsche Werft AG die letzten beiden Kühlschiffe für Sloman, die 1975 an die UdSSR verkauft wurden (s. Tabelle 2.17) und 1993 unter den Namen AKHTARSKIY LIMAN und YEYSKIY LIMAN in Kühlschiffslisten geführt wurden.

2.9 **Frigomaris Kühlschiffs Reederei**

Die Reederei Frigomaris hat ihren Sitz in Hamburg und bereederte viele große Kühlschiffe, die überwiegend an den Salen-Kühlschiffspool und später an den Nachfolger, den Cool-Carriers-Pool, verchartert wurden. Die Kühlschiffe wurden überwiegend in Norwegen gebaut.

Als erstes Kühlschiff wurde 1969 die GUAVACORE von der Werft Akers Mekaniske Verksted, Oslo, abgeliefert.

Bild 2.40: SLOMAN ALSTERTOR, 1967/68 bei der Howaldtswerke Deutsche Werft AG gebaut und von Sloman in der weltweiten Fruchtfahrt eingesetzt, 1975 als AKHTARSKIY LIMAN nach der UdSSR, 1994 abgewrackt (Foto Ansichtskarte, Sloman, Hamburg)

Bild 2.41: MORILLO, bei der Ablieferung 1971 von der Bergens M. V. an Frigomaris mit 480.000 cuft das größte deutsche Kühlschiff. Im Bild unter Cool-Carriers-Charter in Hamburg (Foto K.-H. Hochhaus)

Von diesem Typ wurden insgesamt acht Kühlschiffe an Frigomaris geliefert. Von Nylands Verksted, Oslo, folgten die ANONACORE und die PECAN und von der Werft Bergens Mekaniske Verksted, Bergen, 1970 die NECTARINACORE, SATSUMACORE, NAVELINACORE, SULTANA und CLEMENTIA.
Von der Werft Drammen Slip & Verksted wurde 1969/70/71 eine Sechserserie mit den Kühlschiffen ALASKACORE, ANARCTICORE, BERINGCORE, GREENLAND, ICELAND und NORDLAND abgeliefert.
Im Jahre 1971 folgten die größten Kühlschiffe der Frigomaris-Reederei, die zu dieser Zeit auch die größten deutschen Kühlschiffe waren. Die MORILLO (Bild 2.41) wurde von Bergens Mekaniske Verksted und die CHERRY von Nylands Verksted, Oslo, als Bau-Nr. 650 abgeliefert. 1972 wurde von der gleichen Werft die MARANGA unter der Bau-Nr. 654 abgeliefert, die 1976 von der Reederei W. Bruns gekauft wurde. Die vorstehenden Schiffe sind in der Tabelle 2.18 aufgelistet.
Die Kühlschiffe mit dem Zusatz CORE wurden 1975 umbenannt, CORE gestrichen. 1977 löste die Ganymed-Schiffahrtsgesellschaft die Frigomaris-Gruppe ab. Vorher wurde ein Teil der Schiffe verkauft, und in den Jahren 1978–1980 wurden alle Kühlschiffe nach Panama ausgeflaggt.
In der Schiffsliste 1994 sind unter der Bereederung der Frigomaris Shipping GmbH folgende Schiffe verzeichnet: CLEMENTINA, MORILLO (Bild 2.41), PECAN, R. P. CAYMAN, SNOW CRYSTAL, SNOW DRIFT und SNOW FLOWER. Die letzten drei Schiffe (Snow-Klasse) wurden 1971/72 in Frankreich für Salen gebaut und fuhren mit den Union-Farben Bananen von Süd/Mittelamerika nach Antwerpen, Bremerhaven und Göteborg. Sie lagen 1993 einige Monate in Bremerhaven auf (Bild 2.45 aus [12]) und wurden nach Dänemark verkauft (s. Bild 2.18).

2.10 **A. F. Harmstorf**

Diese Reederei setzte ähnlich wie H. C. Horn ca. fünf Jahre später auf kleine Kühlschiffe mit Geschwindigkeiten unter 18 kn. Die Schiffe wurden alle auf der Schlichting-Werft, Lübeck, gebaut.
Als erste Serie wurden die 81,8 m lange GÜLDENSAND (1960), RUNGHOLTSAND (1961) und die MEDEMSAND (1963) abgeliefert. 1966/67 folgte die etwas größere Serie mit der PAGENSAND, LÜHESAND und FÄHRMANNSAND. Alle Kühlschiffe wurden 1972 verkauft oder ausgeflaggt (s. Tabelle 2.19).
Es wurden etwa zehn Jahre später weitere kleine Kühlschiffe von der Harmstorf-Werft-Gruppe gebaut (KNIEPSAND, 1979; RUNGHOLTSAND, 1979; YORKSAND, 1979), die jedoch unter fremder Flagge in Fahrt kamen. Diese Kühlschiffe sind für Tiefkühl-, Frucht- und Bananentransporte geeignet und fahren heute (1995) in dem Kühlschiffspool Alpha Reefer, Hamburg, und werden von Harmstorf Shipping gemanagt.

2.11 **Reederei Ernst Jacob**

Die Reederei Jacob begann 1984 mit der aktiven Kühlschiffahrt und nahm mit der HELENE JACOB (BLUMENTHAL, Bild 2.1) und WALTER JACOB (BREMERHAVEN, Bild 2.46) die ersten Kühlschiffe unter deutscher Flagge der vierten Phase in Betrieb. Diese Schiffe wurden von der Flender Werft (Bau-Nr. 633 und 634) in Lübeck gebaut, dabei wurden einige Ergebnisse des Forschungs- und Entwicklungsvorhabens „Schiff der Zukunft“ (SdZ) verwendet. Besonders zu nennen sind die Rundumsicht-Brücke und das Freifallrettungsboot im nautisch-technischen und die Kälterückgewinnung im kältetechnischen Bereich. Der bisher übliche Maschinenkontrollraum wurde aus dem Maschinenbereich in das 1. Deck verlagert. Er hat direkten Zugang zum Maschinenraum und wurde als Zentrale für die Technik, Sicherheits- und Ladekühlanlage konzipiert.
Die Schiffe hatten eine vierjährige Union-Charter, danach fuhren sie bis 1993 unter eigenem Namen, bis 1994 unter Star-Reefer-Charter und seit 1994 im Lauritzen-Pool.
Außerdem wird von der Reederei E. Jacob noch die SPRING DELIGHT (Bild 2.47, Cool-Carriers-Charter) unter Hongkong-Flagge bereedert, die 1984 in Korea gebaut wurde. Dieser Schiffstyp wurde in einer Serie von acht Schiffen in Japan und Korea gebaut, z. Z. fahren vier davon im Cool-Carriers (Schweden) und vier im Seatrade-Pool (Niederlande).

2.12 **Leonhardt & Blumberg**

Die Geschichte der Reederei Leonhardt & Blumberg begann 1899, in diesem Jahr kaufte Adolf Leonhardt das erste Schiff, die MARIE PAULIG. Dieses Schiff wurde mit 1.520 BRT vermessen, 1881 gebaut und ist 1904 gesunken.
Die gegenwärtige Flotte umfaßt 24 Schiffe, als Schiffstypen überwiegen die Containerschiffe, außerdem werden vier Kühlschiffe, vier Bulkcarrier und ein Zwischendecker bereedert.
Kühlschiffsaktivitäten mit reinen Kühlschiffen wurden von dieser Reederei 1989 mit dem Bau und der Inbetriebnahme der HANSA BREMEN (Bild 2.2) begonnen. Diese modernen Kühlschiffe vom Bremer Vulkan, es folgten die HANSA VISBY (1989, Bild 2.48), HANSA LÜBECK

Bild 2.42: JOHN BRINCKMANN, als BELNIPPON von der Öresundvarvet (Landskrona) 1964 abgeliefert, 1973 von der VEB Deutfracht/DSR gekauft und in der Fruchtfahrt eingesetzt (Foto K. P. Kiedel, Bremerhaven)

Bild 2.43: ERNST MORITZ ARNDT, 1973 als BRISTOL CLIPPER von Smith's Dock (Middlesborough) gebaut, 1976 in KING EDMUND umbenannt, 1977 an die VEB Deutfracht/DSR verkauft und in der Fruchtfahrt nach Rostock eingesetzt, 1990 BAGNO CATARAMA (Foto: K. P. Kiedel, Bremerhaven)

Bild 2.44: ULM, 1937/38 als RAPIDE auf der Danziger Werft gebaut, vom Norddeutschen Lloyd vor Ablieferung gekauft, in ULM umbenannt und als Fruchtschiff eingesetzt. 1941 als Minenschiff eingesetzt und 1942 versenkt (Foto Deutsches Schiffahrtsmuseum, Bremerhaven)

Bild 2.45: SNOW FLOWER, SNOW CRYSTAL und SNOW DRIFT (Frigomaris) liegen 1993 in Bremerhaven für einige Monate auf, vorher waren sie im Bananendienst der Union beschäftigt, deren Schornsteinemblem sie noch tragen (Foto K.-H. Hochhaus)

Bild 2.46: BREMERHAVEN ex WALTER JACOB, 1984 von der Flender Werft für die Reederei E. Jacob gebaut (Schwesterschiff HELENE JACOB), hier am Ausrüstungskai der Flender Werft mit den Union-Farben (Foto Flender Werft)

Bild 2.47: SPRING DELIGHT (Reederei E. Jacob), ein erfolgreicher Kühlschiffstyp Mitte der achtziger Jahre, davon wurden in Korea und Japan acht Schiffe gebaut. Hier am neuen Fruchtterminal in Hamburg (Foto K.-H. Hochhaus)

Bild 2.48: HANSA VISBY, ein Kühlschiff der Hansa-Klasse vom Bremer Vulkan für Leonhardt & Blumberg, beschäftigt bei Cool-Carriers in der weltweiten Kühlschiffsfahrt (Foto Bremer Vulkan)

Bild 2.49: HAMBURG TRADER ex REUTERSHAGEN, 1995 nach Umbau in Bremerhaven, es wurden Umbauten an der Ladungskühlanlage und den Zwischendecks durchgeführt, Seitenpforten für den Bananentransport eingebaut und ein Wulstbug zur Geschwindigkeitserhöhung von 17,5 auf 18,5 kn angebaut (Foto K.-H. Hochhaus)

(1990) und HANSA STOCKHOLM (1991), waren seit langer Zeit wieder die erste größere Serie von Kühlschiffen, die von deutschen Reedern unter deutscher Flagge betrieben wurden.
Die Kühlschiffe fahren im Cool-Carriers-Pool weltweit und werden schwerpunktmäßig in der anspruchsvollen Frucht-Kühlschiffahrt beschäftigt.
Der gleiche Schiffstyp wurde von der Bremer Vulkan-Tochter Schichau Seebeckwerft im Maschinen- und Kühlmaschinenbereich etwas verändert und als CHIQUITA ROSTOCK und CHIQUITA BREMEN gebaut. Damit wurden von diesem Typ insgesamt sechs Kühlschiffe auf deutschen Werften gebaut (Daten s. Tabelle 2.21).

2.13 **Deutsche Seereederei Rostock (DSR)**

Die DSR wurde 1946 als Deutsch-Russische Transport-AG (DERUTRA) gegründet, 1949 in die Deutsche Schifffahrts- und Umschlagsbetriebszentrale (DSU) umgebildet, und daraus entstand die VEB Deutsche Seereederei Rostock.
1962 wird mit der FRITZ REUTER das erste Kühlschiff in Dienst gestellt, sie wurde 1947 in Frankreich für eine französische Reederei gebaut, 1960 von der DSR angekauft, umgebaut und ab 1962 von der DSR als FRITZ REUTER in der Fruchtfahrt beschäftigt. Kurz darauf folgt die JOHN BRINCKMANN. 1966 wurden zwei Neubauten (THEODOR STORM, THEODOR FONTANE) von der belgischen Boel & Fils-Werft in Dienst gestellt (Daten s. Tabelle 2.20), und 1974 folgen F. FREILIGRATH (ex PARMA) und G. WEERTH (ex PADUA), die von F. Laeisz übernommen wurden.
1973 wurden die beiden ersten Kühlschiffe ersetzt und unter den gleichen Namen in Dienst gestellt (FRITZ REUTER ex PACIFIC EXPRESS, JOHN BRINCKMANN [Bild 2.42] ex BELNIPPON), sie stammten beide von norwegischen Werften.
1975 folgt die THEODOR KÖRNER als Neubau, 1977 die GERHART HAUPTMANN (ex LIVERPOOL CLIPPER) und ERNST MORITZ ARNDT (Bild 2.43 ex BRISTOL CLIPPER).
Die LICHTENHAGEN stammt von der Matthias Thesen Werft (MTW), Wismar, und ist eine Mischung des Polar- und Kristall-Typs, von dem diese Werft etwa 50 Kühlschiffe überwiegend für die UdSSR gebaut hat. Die REUTERSHAGEN, ein Kristall-Typ, folgt 1986 ebenfalls von MTW. Beide Kühlschiffe sind nur für Tiefkühlladung geeignet und für die Versorgung der Fern-Fischerei-Flotten des Ostblocks und Hochseeübernahme von Fisch ausgerüstet.
Die DSR wird im Juni 1993 von den Hamburger Kaufleuten und Reedern H. Rahe und N. Schües übernommen, fusioniert im Dezember mit der Senator-Linie und wird als DSR-Senator-Lines 1994 zu der viertgrößten Linienreederei der Welt gezählt.
Aus den Kühlschiffsaktivitäten ist die DSR jedoch ausgestiegen, die Kühlschiffe wurden verkauft. Im Bild 2.49 ist die HAMBURG TRADER ex REUTERSHAGEN zu sehen, sie wurde an die griechische Reederei Target Marine verkauft und bei der Schichau-Seebeck-Werft zum universell einsetzbaren Kühlschiff umgebaut.

2.14 **Weitere deutsche Kühlschiffsreedereien**

Ein Teil dieser Reedereien besteht bereits sehr lange, wie z. B. der Norddeutsche Lloyd oder die OPDR, und hat nur eine kurze Zeit Vollkühlschiffe bereedert. Andere, wie z. B. die Globus-Reederei, E. Hemmersam, Südlinie/Südstern, sind kleine oder mittlere Reedereien mit ebenfalls kurzem Engagement im Kühlschiffsbetrieb.
Alle diese Reedereien, die Kühlschiffe unter deutscher Flagge betrieben haben, werden in den folgenden Tabellen 2.21 und 2.22 mit den Schiffen und einigen Daten aufgelistet.

2.15 **Heutiger Stand (1995)**

Das Verzeichnis der deutschen Reedereien, die Schiffsliste 1994 [14], weist zwölf Reedereien aus, die neun Kühlschiffe unter deutscher Flagge und 37 Kühlschiffe unter fremden Flaggen (ausgeflaggt) betreiben. Diese Reedereien sind mit Kühlschiffsanzahl, Baujahr, Kühlraumvolumen und BRT in der Tabelle 2.23 aufgeführt. Die 46 Kühlschiffe haben einen Kühlrauminhalt von 17.824.000 cuft (500.000 m^3) und 397.120 BRT [13], das sind fast doppelt soviel wie 1964 mit 69 Kühlschiffen. In der Tabelle 2.24 sind die Länder und die Anzahl der Kühlschiffe mit den entsprechenden Flaggen aufgeführt. In den Ländern, wie Panama, Bahamas und Liberia, die 1964 nicht in der Statistik auftraten, sind jetzt die meisten Kühlschiffe registriert.

Phase	Zeitraum	Entwicklungen
1 Hamburg-Amerika-Linie beginnt die dt. Kühlschiffahrt	1903 - 1914	Umbau vorhandener Schiffe in Deutschland, Neubau in England (Hapag) und Deutschland (Laeisz), Antrieb der Schiffe und Kältemaschinen mit Dampf. Reedereien: Hamburg-Amerika-Linie, F. Laeisz. Kältemittel CO_2 und NH_3.
2 Wiederbeginn von Laeisz /AFC, der Union, Sloman, Schuldt	1919 - 1939	Neubau in Deutschland von Laeisz, Skandinavien von Sloman, Kauf gebrauchter Schiffe von Midgard, Union, Sloman. Dieselmotoren lösen Dampfantrieb ab. Kältemittel CO_2 und NH_3 auf deutschen Kühlschiffen.
3 Laeisz, Schuldt und Bruns beginnen, und insgesamt elf deutsche Reedereien betreiben eine große Kühlschiffsflotte	1950 -	Neubau in Deutschland, deutsche Werften und Zulieferindustrie entwickeln fortschrittliche Kühlschiffe, ab Mitte der sechziger Jahre bedeutende Kühlschiffsflotte,
	ab 1970	FCKWhaltige Kältemittel lösen NH_3 und CO_2 ab, Einführung von Kühlcontainern, Kühlcontainer ersetzen Kühlraum in Stückgutschiffen. Kühlschiffe werden ausgeflaggt oder verkauft.
	1981	Die Union verkauft das letzte Schiff unter deutscher Flagge (BREMERHAVEN) an Lauritzen, damit löst auch die Union ihre Flotte auf.
4 Wiederanfang mit neuen Kühlschiffs-reedereien	1984	Die Reederei Jacob wagt mit der HELENE JACOB und WALTER JACOB einen Neubeginn der deutschen Kühlschifffahrt unter langfristiger Charter der Union, Bauwerft Flender.
	1989	Mit der HANSA LÜBECK wird das erste von vier neuen Kühlschiffen der Hansa-Klasse vom Bremer Vulkan an die Reederei Leonhardt & Blumberg abgeliefert, die in Cool-Carriers-Charter gehen.
	1994	Insgesamt 46 Kühlschiffe bei deutschen Reedereien, davon 9 unter deutscher Flagge, 37 ausgeflaggt. Kältemittel R22.

Tabelle 2.1: **Unterteilung der deutschen Kühlschiffahrt in vier Phasen**

Flagge	Anzahl Schiffe	Vermessung [BRT]	Laderauminhalt [cuft]	Anteil [%]
Argentinien	6	17.910	979.000	1,4
Belgien	4	18.050	994.000	1,4
Brasilien	2	7.210	235.000	0,3
Dänemark	10	45.370	2.578.000	3,7
Deutschland, BR	52	174.550	12.548.000	18,1
Deutschland, Ost	2	9.700	395.000	0,6
Elfenbeinküste	1	4.410	194.000	0,3
Formosa	5	19.490	976.000	1,4
Frankreich	35	162.590	6.966.000	10,1
Griechenland	11	51.660	2.494.000	3,6
Großbritannien	27	160.290	6.263.000	9,0
Honduras	6	26.770	1.029.000	1,5
Israel	4	30.830	1.286.000	1,9
Italien	15	56.840	3.050.000	4,4
Japan	1	6.840	300.000	0,4
Jugoslawien	1	3.180	161.000	0,2
Kuba	1	3.270	215.000	0,3
Liberia	4	19.440	842.000	1,2
Marokko	2	6.300	338.000	0,5
Niederlande	6	25.790	1.120.000	1,6
Norwegen	27	117.970	5.681.000	8,2
Panama	5	17.190	838.000	1,2
Schweden	37	226.520	10.417.000	15,1
UdSSR	13	47.380	3.150.000	4,6
USA	22	166.750	6.199.000	9,0
Zusammen	299	1.425.300	69.238.000	100,0

Tabelle 2.2: **Kühlschiffe für den Bananentransport 1965** [8]

Name	Baujahr	Bauwerft	Raum-inhalt [cuft] [m³]	Vermes-sung BRT TDW	L B [m]	P [PS] v [kn]	Besatzung/ Passagiere
Sarnia (ex Gerda)	1892/ 1903*1	Blohm & Voss, HH	120.000 3.414	3.206 4.770	107 12,8	1.700 11,5	53/64 (45/22)
Sibiria (ex Hertha)	1894/ 1903*2	Blohm & Voss, HH	131.000 3.714	3.347 5.060	109 12,8	1.700 11,5	53/64 (45/22)
Emil L.*3 Boas	1912	Swan, Hunter & Wigham	187.000 5.285	6.014 6.335	130 15,6	5.400 16	104 70
Carl Schurz*4	1912	Swan, Hunter & Wigham*5	187.000 5.285	6.001 6.335	130 15,6	5.500 16	104 70

*1 Bei Blohm & Voss zum Kühlschiff umgebaut, ursprünglich als Gerda für die Kingsin-Linie, Hamburg, gebaut

*2 Bei Blohm & Voss zum Kühlschiff umgebaut, ursprünglich als Hertha für die Kingsin-Linie, Hamburg, gebaut

*3 Kiellegung als Normannia, 1914 an Elders & Fyffes als Motagua

*4 Stapellauf als Columbia, 1914 an Elders & Fyffes als Changuinola

*5 Swan, Hunter & Wigham Richardson, Newcastle

Tabelle 2.3: **Kühlschiffe der Hamburg-Amerika-Linie, die überwiegend im Cross-Trade-Dienst eingesetzt waren**

Bild 2.50: SARNIA, erstes Kühlschiff der deutschen Flotte, war von 1903 bis 1914 überwiegend im Atlas-Dienst der Hapag beschäftigt (Foto Hapag Lloyd)

Name	Baujahr	Bauwerft	Raum- inhalt [cuft] [m³]	Vermes- sung BRT TDW	L B [m]	P [PS] v [kn]	Besat- zung/ Passa- giere	Bemerkung
Pionier	1914	Tecklenborg, Geestemünde	130.000 3.681	3.600 4.788	124,5 15,0	3.200 14	40	1933 als Norden- ham bei Midgard, 1936 Union
Pungo	1914	Tecklenborg, Geestemünde	156.000 4.417	3.600 4.610	124,5 15,0	3.200 14	40	wie vor als Oldenburg
Panther	1930	Bremer Vulkan	100.000 2.830	1.998 2.500	97,2 13,8	1.950 12,5	36 4	1947 an Italien, Umbau zum Passagierschiff
Puma	1930	Bremer Vulkan	100.000 2.832	1.998 2.500	97,2 13,8	1.950 13	36 4	1946 an Sowjet- union (NEMAN)
Pionier (II)	1933	Bremer Vulkan	150.000 4.218	3.285 2.745	114,9 13,7	3.050 15	35 12	1. Motorschiff, 1940 torpediert
Pelikan	1934	Bremer Vulkan	134.000 3.790	3.265 2.795	115,0 13,7	3.050 15,0	35 12	1946 an England, Empire Alde, Pacuare
Pontos	1935	Bremer Vulkan	190.000 5.385	3.410 2.750	118,9 13,7	3.150 14,3	35 12	1945 an England Empire Mowdach, Niocoy
Python	1936	Deutsche Werft	160.000 4.529	3.665 3.415	116,7 14,4	3.050 15	35 12	1941 als U-Boot- Versorger selbst versenkt
Palime	1937	Deutsche Werft	200.000 5.743		116,7 14,4	3.600 16	35 12	1940 an Kriegs- marine, durch Mine gesunken
Pomona	1938	Deutsche Werft	200.000 5.750	3.455 2.970	128,8 16,1	4.100 16	35 12	1939 in England beschlagnahmt, torpediert
Panther (II)	1939	Deutsche Werft	200.000 5.750	3.650 2.970	119,6 16,1	4.100 16	38 12	1945 an England, Reventazon, Kimolos

Tabelle 2.4: **Kühlschiffe der Reederei F. Laeisz bis 1939. Neubauten auf deutschen Werften, die überwiegend in der Fruchtfahrt eingesetzt wurden**

Name	Baujahr	Bauwerft	Raum-inhalt [cuft] [m³]	Vermes-sung BRT TDW	L B [m]	P [kW] v [kn]	Besat-zung/ Passa-giere	Bemerkung
Proteus	1951	Deutsche Werft	220.000 6.230	2.860 3.500	126,2 15,2	3.010 16,5	40 12	1966 nach Italien
Perseus	1951	Deutsche Werft	220.000 6.163	2.860 3.500	126,2 15,2	3.010 16,5	40 12	1966 nach Monrovia
Pegasus	1951	Howaldts-werke, Kiel	220.000 6.138	4.825 2.690	126,2 15,6	3.500 16,5	42 12	1973 nach Panama
Perikles	1954	Deutsche Werft	190.000 5.428	2.720 2.980	119,9 15,0	3.430 16,5	38 12	1967 nach Griechenland
Piräus	1954	Deutsche Werft	190.000 5.495	2.660 3.000	119,9 14,9	3.430 16,5	38 12	1965 nach England
Portunas	1955	Howaldts-werke, Kiel	225.000 6.400	3.055 3.280	125,9 15,6	3.780 17,0	38 12	1969 nach Griechenland
Parthenon	1956	Deutsche Werft	205.000 5.813	2.660 3.000	119,9 14,9	3.430 16,5	38 12	1964 nach England
Priamo	1959	Howaldts-werke, Kiel	225.000 6.370	3.205 3.230	126,1 15,6	3.780 17,0	38 12	1969 nach Griechenland
Pentelikon	1960	Deutsche Werft	245.000 6.950	4.745 4.299	134,5 11,1	5.550 18,4	38 4	1972 nach Singapur
Puna	1964	Deutsche Werft	295.000 8.378	5.435 5.675	141,8 18,0	7.050 20	45 12	1970 nach Norwegen
Pongal	1964	Deutsche Werft	295.000 8.348	5.435 3.880	141,8 18,0	7.050 20	45 12	1971 nach Griechenland
Pisang	1964	Deutsche Werft	300.000 8.417	5.420 5.695	141,8 18,0	7.050 20	45 12	1970 nach Norwegen
Pekari	1966	Deutsche Werft	300.000 8.439	4.920 6.570	139,1 18,0	8.400 22	40 4	1973 nach Panama
Persim-mon	1966/67	Deutsche Werft	300.000 8.524	4.915 6.570	139,8 18,0	8.400 22	40 4	1973 nach Panama
Pica	1966	Howaldts-werke, Kiel	300.000 8.475	4.915 6.530	139,1 18,0	8.400 22	40 4	1974 nach Panama

Tabelle 2.5: **Kühlschiffe der Reederei F. Laeisz von 1951–1967**

Name	Baujahr	Bauwerft	Raum-inhalt [cuft] [m³]	Vermes-sung BRT TDW	L B [m]	P [kW] v [kn]	Besat-zung/ Passa-giere	Bemerkung
Pirol	1966	Howaldts-werke, Kiel	300.000 8.493	4.915 6.560	139,1 18,0	8.400 22	40 4	1973 nach Panama
Padua	1967	Scotts*1, Greenock	320.000 9.000	5.590 6.600	152,5 19,3	8.020 22	38 4	1973 nach DSR
Parma	1967	Scotts*1, Greenock	320.000 9.000	5.590 6.600	152,6 19,2	8.020 22	39 4	1973 nach DSR

*1 Scotts Shipbuilding & Engineering Co, Greenock

Tabelle 2.5: **Fortsetzung, Kühlschiffe der Reederei F. Laeisz von 1951–1967**

Name	Baujahr	Bauwerft	Raum-inhalt [cuft] [m³]	Vermes-sung BRT TDW	L B [m]	P [kW] v [kn]	Besat-zung/ Passa-giere	Bemerkung
Pomona (II)	1968	Boelwerft, Temse	385.000 10.900	5.825 7.270	149,2 19,4	9.260 22	36 2	belgische Flagge
Pontos (II)	1968	Boelwerft, Temse	385.000 10.900	5.825 7.270	149,2 19,4	12.600 22,5	36 2	belgische Flagge
Pocontico	1979	Boelwerft, Temse	475.000 13.450	7.040 9.835	151,3 21,6	12.200 23	32 2	belgische Flagge
Potomac	1979	Boelwerft, Temse	475.000 13.450	7.040 9.700	151,3 21,6	12.200 23	32 2	57 Kühlcontainer an Deck 114 TEU
Poca-hontas	1980	Boelwerft, Temse	475.000 13.450	7.040 9.700	151,3 21,6	16.540 23	32 2	
Crystal- Prince Pride Primadonna	 1992 1992 1992	 Boelwerft, Temse	 375.000 10.620	 7.745 7.720	 131,2 19,6	 8.100 19,6		 55 Kühlcontainer à 40 Fuß (110 TEU), Luxemburger Flagge,
Privilege	1992	weitgehend gleiche Daten						Schiffe für CA vorbereitet, an Deck
Pilgrim Pioneer	1994 1994							ein Containerkran u. drei Palettenkräne

Tabelle 2.6: **Kühlschiffe der Reederei F. Laeisz unter fremden Flaggen (Belgien, Luxemburg) von 1968–1994**

Name	Baujahr	Bauwerft	Raum-inhalt [cuft] [m³]	Vermes-sung BRT TDW	L B [m]	P [PS] v [kn]	Besat-zung/ Passa-giere	Bemerkung
Vegesack	1911 1936	A. Stephen & Sons, Glasgow	156.000 4.417	4.060 4.900	114,5 14,7	4.000 13	59	ex Manzares, Elders & Fyffes, Dampfmaschine
Olden-burg	1914 1956	J. C. Tecklen-borg, Geestemünde	100.000 2.832	3.600 4.610	123,5 15	3.200 14	40	ex Pungo, F. Laeisz, Dampfmaschine
Norden-ham	1914 1936	J. C. Tecklen-borg, Geestemünde	130.000 3.681	3.600 4.700	124,5 15	3.200 14	4	ex Pionier, F. Laeisz, Dampfmaschine
Weser-münde	1920 1936	Workman, Clark & Co., Belfast	225.000 6.360	5.356 6.360	121,7 13	4.000 12	61	ex Chirripo, Elders & Fyffes, 1952 abgewrackt
Brake	1920 1936	Cammell, Laird & Co., Birkenhead	185.000 5.230	5.350 6.340	122,0 15,6	4.000 13	60 12	ex Zent, Elders & Fyffes, Dampfmaschine
Bremer-haven	1921 1936	Workman, Clark & Co., Belfast	185.000 5.230	5.355 6.210	123,3 15,6	4.000 13	60 12	ex Reventazon, Elders & Fyffes, Dampfmaschine
Blexen	1932 1957*	Newport News S. B. & D. D. Co.	280.000 7.905	6.690 4.620	136,2 18,4	11.400 19	48 150*	ex Chiriqui, United Fruit, turboelek. Antrieb, 2 Schrauben
Blumen-thal	1932 1957*	Newport News S. B. & D. D. Co.	280.000 7.900	6.700 4.620	136,2 18,4	11.400 19	48 150*	ex Jamaica, United Fruit, turboelek. Antrieb

* Umbau beim Bremer Vulkan, vorher Einrichtungen für 150 Passagiere

Tabelle 2.7: **Kühlschiffe der Union von 1936–1957, überwiegend eingesetzt in der Fruchtfahrt zwischen Süd-/Mittelamerika und Bremerhaven**

Name	Baujahr	Bauwerft	Raum-inhalt [cuft] [m³]	Vermes-sung BRT TDW	L B [m]	P [PS] v [kn]	Besat-zung/ Passa-giere	Bemerkung
Brake (II)	1949 1956	A/B Oskar-hamms Varv.	170.000 4.829	3.170 2.905	104,5 14,4	3.400 15	38 6	ex Branita, 1965 nach China
Bremer-haven (II)	1955	Bremer Vulkan	248.000 7.033	3.110 3.530	134,5 16,4	6.800 18	41	1979 Verlust durch Brand, Abbruch
Norden-ham (II)	1955	Bremer Vulkan	248.000 7.033	3.110 3.530	134,5 16,4	6.800 18	41	1973 nach Mon-rovia verkauft
Vegesack	1959	Bremer Vulkan	255.000 7.236	3.145 3.505	134,5 16,4	6.800 18	36	1977 nach Griechen-land verkauft
Weser-münde (II)	1959	Bremer Vulkan	255.000 7.236	3.140 3.505	134,5 16,4	6.900 18	36	1977 nach Griechen-land verkauft
Elsfleth	1961*1 1963	Rickmers W., Bremerhaven*1	286.000 8.104	4.555 4.900	139,2 16,9	7.200 19	44	1979 nach Griechen-land verkauft
Minden	1964	Rickmers W., Bremerhaven	331.000 9.380	4.775 6.515	143,5 17,2	9.800 20,3	29	1980 nach Griechld., Automatisierung
Nienburg	1964	Bremer Vulkan	322.000 9.117	4.565 6.880	137,6 18,1	8.080 19	30	1979 nach Griechld., Automatisierung
Blexen (II)	1965	Howaldts-werke, Hbg.	300.000 8.463	4.697 4.163	136,0 16,8	10.500 21	38	ex Augustenburg *2
Blumen-thal (II)	1974	Howaldts-werke, Hamburg	492.000 13.928	8.730 12.100	146,0 21,5	23.400 24	28	2 MSL-Dieselmot., 1981 an Lauritzen, Dänemark
Bremer-haven (III)	1975	Drammen Slip & Verksted	520.000 14.700	8.413 11.430	146,0 21,5	23.400 24	28	2 MSL-Dieselmot., 1981 an Lauritzen, Dänemark
Chiquita Rostock, Chiquita Bremen	1992 1993	Schichau-Seebeck-W.	565.000 15.980	10.842 12.942	156,5 23,0	16.500 21		für CA ausgerüstet, Heimathafen Nassau*3

*1 Stapellauf bei Chantier Novals des Flandres, Fertigbau in Bremerhaven

*2 1975 als BRUNSKAMP an Bruns, 1993 als TROPICAL MOON abgewrackt

*3 Management Union Kühlschiffahrt, Bremen

Tabelle 2.8: **Kühlschiffe der Union von 1956–1995**

Name	Baujahr	Bauwerft	Raum-inhalt [cuft] [m³]	Vermes-sung BRT TDW	L B [m]	P [PS] v [kn]	Besat-zung/ Passa-giere	Bemerkung
Consul Horn	1957	Sietas Schiffsw., Hamburg	31.000 882	428 576	59,9 9,2	750 11,5	13 -	Strandung auf Riff vor Afrika
Therese Horn	1957	Sietas Schiffsw., Hamburg	30.000 872	428 580	59,9 9,2	750 11,5	13 -	1966 nach Süd-afrika
Henry Horn	1957	Schlichting-W., Travemünde	30.000 853	389 480	56,4 8,9	700 11	11 -	1967 nach Gil-bert Islands
Mimi Horn	1957	Schlichting-W., Travemünde	30.000 849	389 450	56,6 8,9	700 11	10 -	1970 nach Panama
Dora Horn	1958	Sietas Schiffsw., Hamburg	31.000 882	428 576	59,9 9,2	750 11,5	13 -	1971 nach Monrovia
Stadt Schleswig	1958	Sietas Schiffsw., Hamburg	30.000 870	428 580	59,7 9,2	750 11,5	13 -	1968–1971 als Maria Castro
Ingrid Horn	1958	Sietas Schiffsw., Hamburg	42.000 1.189	561 960	59,9 9,7	750 11	18 -	1968 nach Panama
Heinz Horn	1958	Sietas Schiffsw., Hamburg	51.500 1.458	696 800	70,2 10,2	1.060 12	12 -	1970 als Jamil nach Panama
Claus Horn	1958	Schlichting-W., W. Travem.	47.200 1.335	1.032 1.335	66,1 9,9	1.000 12	18 -	1967 Brand in Bremerhaven
Waldtraut Horn	1958	Schlichting-W., W. Travem.	47.200 1.334	1.022 1.214	66,1 9,9	1.000 12	18 -	1977 nach Panama
Hilde Horn	1959	Sietas Schiffsw., Hamburg	51.500 1.458	1.137 930	70,2 10,2	1.320 13	22 -	1971 nach Monrovia
Ursula Horn	1959	Sietas Schiffsw., Hamburg	60.500 1.712	1.362 1.424	75,0 10,8	1.320 13,6	22 -	1969 nach NL als Atlantic

Tabelle 2.9: **Kühlschiffe der Reederei H. C. Horn, die später von der Hamburg Süd übernommen wurden**

Name	Baujahr	Bauwerft	Raum- inhalt [cuft] [m³]	Vermes- sung BRT TDW	L B [m]	P [PS] v [kn]	Besat- zung/ Passa- giere	Bemerkung
Marie Horn	1959	Sietas Schiffsw., Hamburg	51.500 1.458	696 780	70,2 10,2	1.060 12	14 -	1972 Explosion, Brand
Irmgard Horn	1959	Sietas Schiffsw., Hamburg	35.300 1.000	852 850	63,3 9,2	750 11,5	14 -	1971 nach Mon- rovia
Herbert Horn	1959	Sietas Schiffsw., Hamburg	35.300 1.000	499 656	63,2 9,2	750 11,5	14 -	1970 nach Mon- rovia
Harald Horn	1960	Sietas Schiffsw., Hamburg	60.000 1.700	1.359 1.363	75,0 10,8	1.600 14	14 -	1972 zum For- schungsschiff (Neuseeland)
Caroline Horn	1960	Sietas Schiffsw., Hamburg	60.000 1.700	1.360 1.388	75,0 10,8	1.600 14	22 -	1968 nach Neuseeland
Luise Horn	1961	Sietas Schiffsw., Hamburg	60.000 1.700	887 1.340	75,90 10,8	1.600 14	20 -	1978 Strandung

Tabelle 2.10: **Fortsetzung, Kühlschiffe der Reederei H. C. Horn**

Bild 2.51: Blick von der Pier des neuen Fruchtzentrums in Hamburg auf die vier Elevatoren, die gerade eines der Ro-Ro-Kühlschiffe der Horn-Linie löschen (Foto K.-H. Hochhaus)

Name	Baujahr	Bauwerft	Raum- inhalt [cuft] [m³]	Vermes- sung BRT TDW	L B [m]	P [PS] v [m]	Besat- zung/ Passa- giere	Bemerkung
Hornbay	1955	Deutsche Werft, Hbg.	223.500 6.330	2.840 3.450	126,3 15,2	5.340 16,5	40 6	1967 nach China
Horncap	1955	Deutsche Werft, Hbg.	223.500 6.330	2.840 3.450	126,3 15,2	5.340 16,5	40 6	1967 nach China
Hornkoog	1959	Deutsche Werft, Hbg.	245.000 6.937	3.355 3.500	154,5 16,0	7.250 18	41 6	1970 nach den Philippinen
Horndeich	1960	Deutsche Werft, Hbg.	245.000 6.937	3.370 3.500	134,5 10,0	7.250 18	41 6	1969 nach China
			Ausgeflaggte Schiffe der Horn-Linie					
Horncap *1	1968 1981	Ateliers & Chantiers de	360.000 10.200	8.550 6.625	144,1 20,0	10.340 21,5		Kühlschiff mit Ro-Ro-Einrichtg.
Hornbay *2	1969 1981	Dunkerque & Bordeaux	360.000 10.200	8.550 6.625	144,1 20,0	10.340 21,5		2-Takt-Motor als Hauptantrieb
Horngulf *3	1973 1987	Dubigeon, Normandie	380.000 10.700	6.560 8.600	155,3 21,1	18.100 20,0		Kühlschiff mit Ro-Ro-Einrichtg.
Hornwind *4	1973 1986	S.A., Praime au Duc	380.000 10.700	6.560 8.600	155,3 21,1	18.100 20,0		
Hornstar *5	1972 1986	Nantes	380.000 10.700	6.560 8.600	155,3 21,1	18.100 20,0		zwei 4-Takt-Moto- ren als Antrieb
Hornbay Horncap Horncliff	1990 1991 1991	Uljanik Yard, Pula, Jugoslawien	525.000 14.890	12.890 9.160	153,5 23,0	14.200 20	24 12	Kühlschiffe mit Ro-Ro- Einrichtungen

*1 ex Aguilor
*2 ex Fort Sainte Marie
*3 ex Pointe Madame
*4 ex Pointe La Rose, 1993 abgewrackt
*5 ex Pointe Sans Souci

Tabelle 2.11: **Kühlschiffe der Horn-Linie („Große Horn")**

Name	Baujahr	Bauwerft	Raum- inhalt [cuft] [m³]	Vermes- sung BRT TDW	L B [m]	P [PS] v [kn]	Besat- zung/ Passa- giere	Bemerkung
Quadriga	1936 1950	Götaverken, Göteborg	227.000 6.418	3.385 4.200	115,2 15,3	5.200 15	42	1. dt. Kühlschiff nach dem Krieg*1
Quartole	1952	Flender Werft, Lübeck	240.000 6.779	2.990 3.325	124,4 15,3	4.200 16,5	40 12	1964 nach UdSSR verkauft
Quadri- vium	1952	Flender Werft, Lübeck	240.000 6.779	2.990 3.325	124,4 15,3	4.200 16,5	40 12	1964 nach UdSSR verkauft
Quartett	1955	Flender Werft, Lübeck	237.000 6.711	3.200 3.430	131,5 16,1	5.340 17,0	41 12	1963 als Kuba nach UdSSR verkauft
Bruns- büttel	1955	Howaldts- werke, Kiel	227.000 6.435	3.130 3.445	128,5 15,8	5.140 17,0	43 12	1963 als Playa Hiron nach UdSSR
Bruns- hausen	1955	Howaldts- werke, Kiel	230.000 6.552	3.130 3.455	128,5 15,8	5.140 17,0	43 12	1963 als Havanna nach UdSSR
Bruns- wick	1956	Stülcken Sohn, Hbg.	226.000 6.411	3.130 3.445	128,8 15,8	5.340 17,0	40 12	1965 als Ceres nach UdSSR verkauft
Brunseck	1959	Howaldts- werke, Kiel	233.000 6.595	3.105 3.380	128,8 15,8	6.650 18,0	39 12	1964 nach UdSSR, Fischtransporter
Bruns- holm	1959	Howaldts- werke, Kiel	233.000 6.595	3.105 3.300	128,8 15,8	6.650 18,0	39 12	1964 nach UdSSR, Fischtransporter
Bruns- deich	1961	Howaldts- werke, Kiel	230.000 6.526	3.230 3.320	128,8 15,8	6.650 18,0	39 22	als Musson 1964 nach UdSSR
Brunstal	1959 1963	Verschure, Amsterdam	225.000 6.353	2.822 2.984	114,9 16,0	5.200 17,0	38	Ablieferung 1959 nach Klaveness/Oslo

*1 Gehörte vier Fruchtimport-Häusern, daher der Name, und war mit CO_2-Kühlmaschinen und Soleanlagen von Th. Sabroe ausgestattet

Tabelle 2.12: **Kühlschiffe der Reederei W. Bruns & Co. von 1950–1963**

Name	Baujahr	Bauwerft	Raum-inhalt [cuft] [m³]	Vermes-sung BRT TDW	L B [m]	P [PS] v [kn]	Besat-zung/ Passa-giere	Bemerkung
Bruns-büttel (II)	1963	Howaldts-werke, Hbg.	283.000 8.003	4.703 4.150	136,0 16,8	9.600 21	44 12	1967 als Uragan nach UdSSR
Bruns-berg	1945 1963	Öresunds-varvet*1	225.000 6.388	4.321 4.030	114,8 15,6	5.600 17,0	39 12	1965 nach China
Bruns-hausen (II)	1963	Blohm & Voss, Hbg.	284.000 8.044	4.700 5.115	136,0 16,8	9.600 21,0	39 12	1966 nach UdSSR als Tsiklon
Bruns-land	1963	Blohm & Voss, Hbg.	284.000 8.044	4.700 5.115	136,0 16,8	9.600 21,0	39 2	1971 als Benadir nach Italien
Bruns-koog	1963	Flender W., Lübeck	292.000 8.280	4.700 5.145	136,0 16,8	9.600 21,0	39 12	1972 n. Griechenl., 1980 Verlust
Brunseck (II)	1964	Flender W., Lübeck	284.000 8.035	4.700 5.132	136,0 16,8	9.600 21,0	39 12	1971 als Elita nach Piräus
Bruns-gard	1964	Howaldts-werke, Hbg.	283.000 8.003	4.700 4.153	136,0 16,8	9.600 21,0	44 12	1971 als Katingaki nach Piräus
Bruns-holm (II)	1964	Blohm & Voss, Hbg.	280.000 7.951	4.700 5.130	156,0 16,8	9.600 21,0	39 12	als Aily 1972 n. Griechenland
Bruns-koppel	1964	Flender W., Lübeck	285.000 8.076	4.700 5.140	136,0 16,8	9.600 21,0	39 12	1972 als Aspas-sia n. Griechenl.
Bruns-deich (II)	1965	Flender W., Lübeck	300.000 8.514	4.710 5.055	136,0 16,8	9.600	39 12	1972 als Vassa nach Piräus
Bruns-kamp*3	1965	Howaldts-werke, Hbg.	297.000 8.403	4.700 4.163	136,0 16,8	10.500 21,0	38	1978 als Tropical Moon nach Monrovia
Bruns-berg (II)	1960 1966	Verschure, Amsterdam	224.000 6.353	2.828 2.984	114,9 16,0	5.200 17,0	38	ex Balsa, 1970 n. Monrovia
Bruns-höft	1966	Rheinstahl-Nordsee*2	284.000 8.049	4.640 5.060	136,0 16,8	9.600 21,0	39 12	1975 n. UdSSR als Dnestrovskiy Liman

*1 Öresundsvarvet, Landskrona

*2 Rheinstahl-Nordseewerke, Emden

*3 als Augustenburg an H. Schuldt abgeliefert, 1972 als Blexen zur Union, 1975 von der Union gekauft

Tabelle 2.13: **Fortsetzung, Kühlschiffe der Reederei W. Bruns & Co. von 1963–1966**

Name	Baujahr	Bauwerft	Raum-inhalt [cuft] [m³]	Vermes-sung BRT TDW	L B [m]	P [PS] v [kn]	Besat-zung/ Passa-giere	Bemerkung
Brunstor	1966	Rheinstahl-Nordsee	280.000 7.930	4.648 5.050	136,0 18	9.600 21,0	39 12	1975 nach UdSSR verkauft*4
Bruns-hausen (III)	1967	Howaldts-werke, Hbg.	305.000 8.551	4.625 5.355	136,0 17,3	10.500 21,0	35 6	1978 nach Bermudas als Tropical Sun
Bruns-büttel (III)	1968	Howaldts-werke, Hbg.	305.000 8.645	4.625 5.270	136,0 17,3	10.500 21,0	35 6	1978 nach Bermudas als Tropical Queen*5
Bruns-rode	1968	Flender W., Lübeck	327.000 9.242	4.749 5.235	135,5 17,3	12.000 22,0	10	1978 nach Bermudas als Tropical Sea
Bruns-wick (II)	1969	Flender W., Lübeck	327.000 9.259	4.749 5.235	135,5 17,3	12.000 22,0	10	1978 nach Monrovia als Tropical Gold
Bruns-land (II)	1972	Nylands V., Oslo	480.000 13.568	9.740 10.975	155,8 21,4	15.900 22,0		1978 Tropical Land 1986 Rio Guayas*6

*4 1993 als Dnestrovskiy Liman abgewrackt

*5 1993 als Tropical Queen abgewrackt

*6 Siehe auch Bild 2.30 (5-Luken-Schiff)

Tabelle 2.14: **Fortsetzung, Kühlschiffe der Reederei W. Bruns & Co. von 1966–1972**

Bild 2.52: CAP CORRIENTES (gebaut 1958, Howaldts-Werke Kiel) von der Hamburg Süd in der weltweiten Trampfahrt eingesetzt (Foto Hamburg Süd)

Name	Baujahr	Bauwerft	Raum-inhalt [cuft] [m³]	Vermes-sung BRT TDW	L B [m]	P [PS] v [kn]	Besat-zung/ Passa-giere	Bemerkung
Cap Corrientos	1958	Howaldts-werke, Kiel	223.000 6.320	4.105 4.505	125,6 15,6	6.000 18,0	41 5	1963 Umbau in Argentinien
Cap Domingo	1958	Howaldts-werke, Kiel	215.000 6.085	2.880 3.220	125,6 15,6	6.000 18,0	41 5	1960 Kollision, 1970 n. Norwegen
Alexander Humboldt	1959	Sietas Schiffsw., Hamburg	130.000 3.670	2.125 2.405	93,3 13,4	2.750 14,5	29 4	1965 Barbitonga, 1968 n. Argentin.
Cap Valiente	1960	Howaldts-werke, Kiel	220.000 6.230	4.115 4.340	125,6 15,6	6.000 18,0	40 5	1970 nach Argentinien
Polarlicht	1964	Blohm & Voss, Hbg.	290.000 8.200	4.850 6.510	137,4 17,8	10.800 21,8	27 12	1973 n. England, 1974 Davao
Polarstern	1964	Deutsche Werft	300.000 8.683	4.970 6.640	142,9 18,0	11.400 22,0	27 12	1973 n. England, 1974 Darien
Polar-Argentina	1968	Blohm & Voss, Hbg.	425.000 12.000	5.625 7.950	148,2 19,6	14.880 22,8	29	1976 n. Monrovia *1
Brasil	1968							1977 n. Monrovia
Colombia	1968							1978 n. Monrovia
Ecuador	1967	weitgehend gleiche Daten						1976 n. Monrovia
Paraguay	1968							1977 n. Monrovia*2
Uruguay	1968							1978 n. Monrovia
Polar Honduras	1979	Flender Werft, Lübeck	482.000 13.660	9.995 10.875	154,6 21,5	16.180 22,0	29	1980 n. England, Edingb. Universal*3
Polar Costa Rica	1979	Flender Werft, Lübeck	482.000 13.660	9.995 10.875	154,6 21,5	16.180 22,0	29	1980 Caribbean Universal*4

*1 Zwei Viertakt-Motoren (Pielstick) mit je 16 Zylindern

*2 1993 als Frio Mexica abgewrackt

*3 1985 Caspian Universal, 1989 Caspian, seit 1994 wieder Polar Honduras

*4 1989 Bering Universal, seit 1994 wieder Polar Costa Rica

Tabelle 2.15: **Kühlschiffe der Hamburg-Südamerikanischen-Dampfschiffahrtsgesellschaft (Hamburg Süd)**

Name	Baujahr	Bauwerft	Raum- inhalt [cuft] [m³]	Vermes- sung BRT TDW	L B [m]	P [PS] v [kn]	Besat- zung/ Passa- giere	Bemerkung
Ahrens- burg	1939	Burmeister & Wain*1	190.000 5.380	2.938 2.900	102,7 13,7	4.200 16,0	36	ex Prinsdal, 1947 nach England
Angel- burg	1938 1939	Öresundvarv., Landskrona	140.000 3.964	3.069 3.506	102,5 13,9	4.200 16,0	36	ex Viator
Augusten- burg	1933 1956	Grötaverken, Göteborg	175.000 4.961	3.639 3.160	107,3 14,4	4.900 15,0	40	1958 2 neue HM, 1962 Kollision
Angel- burg (II)	1951	Kieler HdW	216.000 6.128	2.902 3.748	119,6 15,6	4.800 16,5	37 12	1966 nach China, 1972 abgewrackt
Ahrens- burg (II)	1956	Kieler HdW	215.000 6.111	3.062 3.330	125,9 15,6	5.140 17,0	41 12	1966 nach Panama
Amalien- burg	1956 1963	Bremer Vulkan	185.000 5.227	3.814 2.700	110,5 15,0	5.000 16,0	40 4	ex Bonita 1964 Bruns, UdSSR
Alden- burg	1958	Valmet Oy Pansion*2	228.000 6.463	2.792 3.500	126,3 15,2	5.340 16,5	31	1971 nach Liberia, Cabo Bojeador
Artlen- burg	1959	Valmet Oy Pansion*2	227.000 6.440	2.788 3.500	126,3 15,2	6.960 18,0	38 6	1972 Monrovia, Cabo San Augustin
Asseburg	1959	Howaldts- werke, Kiel	220.000 6.211	2.993 3.290	125,9	6.650	38	1966 Masch.-Expl., 1977 n. Griechenl.
Augusten- burg (II)	1965	Howaldts- werke, Kiel	297.000 8.403	4.697 4.163	136,0 16,8	10.500 21,0	38	1972 Blexen (Union), 1978 Tropical Moon
Angel- burg (III)	1966	Howaldts- werke, Kiel	341.000 9.660	5.532 7.500	136,0 16,8	14.000 23,0	37 12	1978 als Ondine n. Monrovia
Ahrens- burg (III)	1966	Howaldts- werke, Kiel	345.000 9.778	5.531 7.500	136,0 16,8	14.000 23,0	42	1978 als Orpheus n. Monrovia
Asseburg (II)	1967	Howaldts- werke, Kiel	345.000 9.781	5.531 7.500	148,0 19,2	14.000 23,0	42	1979 als Odysseus n. Monrovia
Artlen- burg (II)	1969	Howaldts- werke, Kiel	343.000 9.720	5.754 7.570	148,0 19,2	14.000 23,0	42	1979 als Orontes n. Monrovia
Alden- burg (II)	1969	Howaldts- werke, Kiel	345.000 9.781	5.754 7.570	148,0 19,2	14.000 23,0	42	1979 als Olympus n. Monrovia

*1 Burmeister & Wain, Kopenhagen, Stapellauf als Prinsdal

*2 Valmet Oy Pansion Talakka, Turku, nach Plänen der Deutschen Werft gebaut

Tabelle 2.16: **Kühlschiffe der Reederei Harald Schuldt**

Name	Baujahr	Bauwerft	Raum-inhalt [cuft] [m³]	Vermes-sung BRT TDW	L B [m]	P [PS] v [kn]	Besat-zung/ Passa-giere	Bemerkung
Alstertor ex Rose	1938 1939	Öresundvarv., Landskrona	140.000 3.964	3.039 4.650	102,5 13,9	4.200 16,0	32	im 2. Weltkrieg versenkt*1
Alster-ufer	1939	Eriksberg, Göteborg	153.000 4.330	2.729 4.330	99,6 16,0	4.000	32	als Blockade-brecher versenkt
Alster-tor	1952	Deutsche Werft, Hbg.	183.000 5.188	2.460 3.150	119,2 14,4	4.670 16,5	34 8	1967 Agrum, 1979 abgewrackt
Alster-ufer (II)	1954	Deutsche Werft, Hbg.	200.000 5.624	2.683 3.050	119,9 15,0	4.670 17,0	27 12	*2, 1970 als Kea n. Griechenland
Alster-kamp	1949 1956	Öresundvarv., Landskrona	173.000 4.909	3.810 3.030	103,8 14,4	3.650 15,0	32 8	ex Glomdal 1964
Alster-blick	1959	Blohm & Voss, Hamburg	240.000 6.796	2.854 3.350	129,4 15,8	7.250 18,5	27 12	1970 als Hirson nach Frankreich
Sloman Alsterpark	1968	Howaldts-Dt. Werft AG	302.000 8.558	4.915 6.560	139,1 18,0	12.600 22,8	35 6	1975 nach UdSSR*3
Sloman Alstertor	1968	Howaldts-Dt. Werft AG	302.000 8.560	4.915 6.560	139,1 18,0	12.600 22,8	35 6	1975 nach UdSSR*4

*1 Baugleich mit Angelburg

*2 Baugleich mit Perikles (Laeisz)

*3 Als Yeyskiy Liman

*4 Als Akhtarskiy Liman, 1994 abgewrackt

Tabelle 2.17: **Kühlschiffe der Reederei Rob. M. Sloman jr.**

Name	Baujahr	Bauwerft	Raum- inhalt [cuft] [m^3]	Vermes- sung BRT TDW	L B [m]	P [kW] v [kn]	Besat- zung/ Passa- giere	Bemerkung
Alaska- Antarctic- core	1969 1970	Drammen Slip & Verksted	347.000 9.827	4.889 7.823	140,7 18,0	8.800 23/ 22,5	33	1980 n. Panama 1980 n. Panama ausgeflaggt[*3]
Bering- core Greeland	1970 1971	Drammen Ship & Verksted	348.000 9.848	6.680 7.700	140,6 18,0	10.900 22,0	33	1979 n. Ekuador 1975 n. England 1991 n. Piräus[*4]
Iceland	1971	Drammen Ship & V.	354.000 10.024	6.680 9.110	140,7 18,0	10.900 22,0	33	1979 n. Panama ausgeflaggt
Nordland	1971	Drammen Ship & V.	354.000 10.024	6.680 9.110	140,7 18,0	10.900 22,0	33	1979 n. Panama ausgeflaggt
Guavacore	1969	Akers Mek.- Verkst., Oslo	416.000 11.774	8.185 9.710	147,8 20,0	7.720 19,0	45 6	1979 als Rosmary nach Panama[*3]
Nectarine- Satsuma- Navelina- core Sultana	1970 1970 1970 1970	Bergens Mekaniska Verkst., Norwegen	416.000 11.774 weitgehend gleiche Daten	8.190 9.705	147,8 20,0	7.720 19,0	45 6	1980 n. Panama[*3] 1978 n. Panama 1976 n. Panama Umbau[*1] 1976 Umbau[*2]
Clemen- tina	1970							1979 n. Panama ausgeflaggt
Morillo	1971	Bergens MV, Bergen	480.000 13.568	9.697 10.800	155,8 21,3	11.700 22,0	45 10	1979 n. Panama ausgeflaggt
Anona- core	1970	Nylands Verksted	403.000 11.409	8.190 9.750	147,8 20,0	7.720 19,0	45 6	1979 n. Panama ausgeflaggt
Pecan	1971	Nylands Verksted	403.000 11.409	8.197 9.720	147,8 20,0	7.720 19,0	45 6	1979 n. Panama ausgeflaggt
Cherry	1971	Nylands Verksted	480.000 13.568	9.694 10.800	155,8 21,3	10.700 22,0	45 10	1979 n. Panama, wie Brunsland

*1 Umbau zum Fruchtkonzentrat-Kühlschiff Ouro do Brasil

*2 Umbau zum Fruchtkonzentrat-Kühlschiff Sol do Brasil

*3 1993 abgewrackt

*4 1994 abgewrackt

Tabelle 2.18: **Kühlschiffe der Frigomaris Kühlschiffs Reederei von 1969–1971**

Name	Baujahr	Bauwerft	Raum- inhalt [cuft] [m^3]	Vermes- sung BRT TDW	L B [m]	P [PS] v [kn]	Besat- zung/ Passa- giere	Bemerkung
Gülden- sand	1960	Schlichting- Werft, Lübeck	68.000 1.925	1.485 1.582	81,2 11,4	1.650 14,5	22	1966 verk. in Hbg., 1977 nach Piräus
Rungholt- sand	1961	Schlichting- Werft, Lübeck	70.100 1.984	1.524 1.567	81,8 11,8	1.800 14,5	20	1972 n. Zypern
Medem- sand	1963	Schlichting- Werft, Lübeck	70.500 1.994	1.525 1.562	81,8 11,8	1.800 14,0	21	1973 n. Panama, 1977 Brand
Pagensand	1966	Schlichting- Werft, Lübeck	80.700 2.283	1.733 1.962	88,8 12,5	2.750 15,5	20	1972 als Harmatan n. Polen
Lühesand	1967	Schlichting- Werft, Lübeck	80.700 2.283	1.667 1.937	88,8 12,5	2.750 16,5	20	1972 n. Famagusta, 1973 n. Limassol
Fähr- mannsand	1967	Schlichting- Werft, Lübeck	79.200 2.240	1.733 1.947	88,8 12,5	2.750 15,5	20	1972 n. Panama, 1976 n. Zypern

Tabelle 2.19: **Kühlschiffe der Reederei A. F. Harmstorf**

Bild 2.53: RUNGHOLTSAND (II), 1979 auf der Büsumer Werft für A. F. Harmstorf gebaut und unter ausländischer Flagge in Dienst gestellt. Hier beim Löschen von Kartoffeln in Hamburg (Foto K.-H. Hochhaus)

Reederei- Schiffs- name	Baujahr	Bauwerft	Raum- inhalt [cuft] [m³]	Vermes- sung BRT TDW	L B [m]	P [PS] v [kn]	Besat- zung/ Passa- giere	Bemerkung
Fritz Reuter	1947 1962*1	Chantiers Medit., F.	197.000 5.572	4.850 3.040	114,5 15,8	5.200 15,5	46 9	1974 Abbruch in Taiwan
John Brinckm.	1947 1962	Chantiers Medit., F.	197.000 5.572	4.859 3.040	114,5 15,8	5.200 15,5	46 9	1973 Abbruch
Theodor Storm	1966	Boel & Fils	303.000 8.585	4.976 4.857	135,0 17,8	10.400 20,5	32 12	
Theodor Fontane	1966	Boel & Fils	303.000 8.585	4.979 4.857	135,0 17,8	10.400 20,5	32 11	
F. Freilig- rath	1967 1974	Scotts Ship- buildg., GB	318.000 9.000	5.590 6.600	152,6 19,2	10.900 22,0	39 4	ex Parma
G. Weerth	1967 1974	Scotts Ship- buildg., GB	318.000 9.000	5.590 6.600	152,6 19,2	10.900 22,0	39 4	ex Padua
John Brinckm. (II)	1964 1973	Öresund Varvet	276.000 7.810	6.313 6.279	138,8 18,5	9.700 19,0	33	ex Belnippon
Fritz Reuter (II)	1964 1973	Fredrikstad MV	276.000 7.810	6.310 6.249	138,8 18,5	9,700 19,0	33	ex Pacific Express
Theodor Körner	1975	Framnaes, Sandefjord	360.000 10.194	6.641 9.146	140,7 18,0	13.200 22,8	33	
Gerhart Hauptm.*2	1973	Smith's Dock, GB	352.000 9.976	6.680 9.143	140,7 18,0	14.850 23,0	33	1987 Ithaka Reefer*3
Ernst Mo- ritz Arndt	1973 1977	Smith's Dock, GB	352.000 9.976	6.684 9.145	140,7 18,0	14.850 23,0	33	ex Bristol Clipper*4
Lichten- hagen	1978	MTW, Wismar	459.000 13.000	11.870 9.535	152,2 22,2	9.000 15,0		1994 an Target Marine, Piräus
Reuters- hagen	1986	MTW, Wismar	470.000 13.300	12.400 9.350	152,9 22,2	10.330 17,5		1994 an Target Marine, Piräus*5

*1 ex Dubreka

*2 ex Liverpool Clipper

*3 1994 als Billefrost abgewrackt

*4 1994 als Bagno Catarama abgewrackt

*5 1994 als Hamburg Trader in Bremerhaven zum universellen Kühlschiff umgebaut

Tabelle 2.20: **Kühlschiffe der Deutschen Seereederei Rostock (DSR)**

Reederei-Schiffs-name	Baujahr	Bauwerft	Raum-inhalt [cuft] [m³]	Vermes-sung BRT TDW	L B [m]	P [PS] v [kn]	Besat-zung/ Passa-giere	Bemerkung
Ganeymed Schiffges. (Hbg.), Iceland	1971	Drammen Slip & Verkstad (N)	354.000 10.024	6.676 9.109	140,7 18,0	14.850 22,5	33	1979 n. Panama ausgeflaggt
Globus Reed., Hbg., Caribia	1952	Mützefeldt-Werft, Cuxhaven	36.600 1.035	1.164 887	68,0 10,0	1.200 12,0		1955/65 n. Kuwait, 1973 n. Brand gesunken
E. Jacob, Flensburg Helene Jacob Walter Jacob	1984	Flender W., Lübeck (SdZ)	478.000 13.527	9.417 11.806	146,1 21,5	15.100 21,0		Charter für - Union - Star Reefer - Lauritzen
Hanse-Be-reederung, Hamburg Cape Cod Cape Cavo	 1990 1991	Shanghai Shipyard, Shanghai, R. C.	300.000 8.500	6.420 6.807	120,5 18,5	9.050 18,5		diese Schiffe fahren mit im Seatrade-Pool 228 TEU
E. Hemmersam (Lübeck), Gülden-sand	1960	s. Reederei A. F. Harmstorf, Güldensand						
Leonhardt & Blumberg								
Hansa-Bremen Visby Lübeck Stockholm	1989 1989 1990 1991	Bremer Vulkan	564.000 15.980	10.842 12.350	156,5 23,0	15.260 21,0		290 TEU, fahren im Cool-Carriers-Pool
Midgard, Norden-ham	1914	Tecklenborg, Geestemünde, s. F. Laeisz, Pionier						
Olden-burg	1914	Tecklenborg, Geestemünde, s. F. Laeisz, Pungo						
Nord-deutscher Lloyd Ulm	1937	Danziger Werft AG, Danzig	145.000 4.000	3.071 2.960	102,5 13,9	3.950 16,0	38 10	1941 als Minen-schiff für Marine, 1942 versenkt

Tabelle 2.21: **Weitere Kühlschiffe deutscher Reeder bis 1995**

Reederei-Schiffsname	Baujahr	Bauwerft	Raum-inhalt [cuft] [m³]	Vermes-sung BRT TDW	L B [m]	P [PS] v [kn]	Besat-zung/ Passa-giere	Bemerkung
OPDR[*1], Bilbao	1922 1932[*2]	Norddt. Werft, Geestemünde	88.000 2.497	2.440 3.860	88,8 12,4	1.300 12	28 10	1933 Kamerun, 1938 Plus
J. A. Reinecke (Bremen),								
Bodetal	1959	Hanseatische Werft, Hbg.	192.000 5.445	2.121 2.450	108,0 14,4	6.000 18	37 10	1968 als Algor, 1972 n. Griechenl.
Okertal	1959	Hanseatische Werft, Hbg.	192.000 5.445	2.117 2.450	108,0 14,4	6.000 18	37 10	1968 als Calor, 1972 n. Griechenl.
Südlinie/Südstern Schiffges. (Hbg./München),								
Guava (ex Guava-core)	1974	Akers M. K.	416.000 11.774	8.185 9.710	147,8 20,0	10.500 19,3	45 6	1977 an Ganeymed, 1979 n. Panama
Tunnecke Schiffges. (Bremen),								
Jogela	1968	Chant. du Havre/F	88.500 2.508	499 935	75,6 13,0	3.000 16	15	1974 n. Singapur
Joquita	1968	Chant. du Havre/F	88.500 2.508	500 950	75,6 13,0	3.000 16	15	1974 n. Singapur, 1975 Seatrade, NL
Tuna Kühltransporte GmbH (Hamburg),								
Antoinette Castro -	1959	ex Irmgard Horn (1969)						
Lupita	1958	ex Dora Horn (1968)						
Marien	1958	ex Stadt Schleswig (1971)						
Tinito	1969	ex Hilde Horn (1969), ex Tinito (1979)						
Unterweser Reederei AG (Bremen),								
Hildegard	1958	Elsflether Werft AG	62.000 1.750	1.352 1.475	72,2 11,2	1.350 12,6	19	1970 n. Panama, 1979 Brand

*1 OPDR = Oldenburg-Portugiesische Dampfschiffsreederei

*2 Umbau zum Kühlschiff 1933, Woermann Charter, 1938 Laeisz Charter

Tabelle 2.22: **Fortsetzung, Weitere Kühlschiffe deutscher Reeder bis 1995**

Name der Reederei	Anzahl der Schiffe	Baujahre	Rauminhalt [cuft]	Vermessung BRT
Ahrenkiel	5	1984 - 1990	1.660.000	37.800
Flensb. Schiffsparten	1	1988	440.000	12.115
Frigomaris	7	1971 - 1973	4.320.000	65.840
Ganeymed Shipping	4	1973 - 1975	1.420.000	26.600
Hanse-Bereederung	4	1990 - 1991	1.200.000	25.700
Horn-Line	3	1991 - 1992	1.440.000	38.625
E. Jacob	3	1983 - 1984	1.420.000	31.615
F. Laeisz	6	1992 - 1994	2.250.000	46.470
Maritim Services*1	4	1970 - 1994	*1	46.400
Leonhardt & Blumberg	4	1989 - 1991	2.360.000	43.360
Thien & Heyanga	4	1977 - 1979	724.000	11.955
Union Kühlschiffahrt	1	1992	590.000	10.640
Summen	46	1971 - 1994	17.824.000	397.120

*1 Fruchtsaftkonzentrat-Carrier

Tabelle 2.23: **Kühlschiffe deutscher Reeder aus der Schiffsliste 1994 [14]**

Nr.	Land Flagge	Anzahl 1992	Vermessung in 1000 BRT/BRZ	Tragfähigkeit in 1000 t	Anteil Tragfähigkeit in %
1	UdSSR	282	1.706	1.560	19,7
2	Panama	236	1.077	1.268	16,0
3	Bahamas	79	527	619	7,8
4	Japan	140	434	509	6,4
5	Liberia	57	473	501	6,3
6	Zypern	94	403	488	6,2
7	Niederlande	43	215	245	3,1
8	Norwegen	26	174	223	2,8
9	Lettland	27	203	182	2,3
10	Dänemark	19	147	167	2,1
14	Deutschland	10	99	112	1,4
	Summe Weltflotte	1.433	7.242	7.930	100

Tabelle 2.24: **Daten zum weltweiten Kühlschiffsbestand 1992, Quelle ISL**

3. Kühlschiffsbeschreibungen

In diesem Kapitel sollen vorwiegend deutsche Kühlschiffe und die Entwicklung der Ladungskühlanlagen ausführlich beschrieben werden. Dazu gehören die Kältemaschinenanlage, das Sole- und das Kaltluftsystem. Außerdem sollen einige schiff- und maschinenbauliche Details, die bei Kühlschiffen vom normalen Standard abweichen, näher erklärt werden.

3.1 Vor dem 1. Weltkrieg

Der erste Abschnitt vor dem 1. Weltkrieg betrifft nur wenige Schiffe, die in der Tabelle 3.1 mit den wichtigsten Daten aufgeführt werden.
Wie immer, wenn neue Entwicklungen einen neuen Schiffstyp fordern, werden vorhandene geeignete Schiffe umgebaut und mit den notwendigen Einrichtungen versehen. Daraus entwickelt sich bei Bedarf und erfolgreichem Einsatz dann ein neuer Schiffahrtszweig, hier die Kühlschiffahrt. Es bleiben jedoch in Fahrtgebieten mit zu geringem Ladungsangebot Mischformen bestehen, die vielfältige Ladung, auch Kühlladung, befördern können.
Die Auslegung und Prüfung der Kälteanlagen und Isolierungen erfolgten nach den Vorschriften des englischen Lloyd (Lloyd's Register) und verlangten, daß die Anlage ausreichen mußte, um im tropischen Klima (30° C Lufttemperatur) bei 18stündigem täglichem Betrieb der Kältemaschine die erforderliche Temperatur zu halten. Für Ladekühlanlagen mit mehr als 2.000 m^3 Kühlraum wurden zwei Kältemaschinen vorgeschrieben, wobei jede die „Arbeit" bei 24stündigem Betrieb allein leisten kann.
Als Kältemaschinen haben sich die Kaltluft- und Kaltdampfmaschinen durchgesetzt, die Absorptionsanlagen werden bei Handelsschiffneubauten nicht mehr erwähnt. Die Kaltluftmaschinen werden jedoch als veraltet bezeichnet, da sie als Anlage schwerer und bei unterschiedlichen Kühlgütern unflexibel für verschiedene Temperaturen sind. Im Bereich der Kaltdampf-Kältemaschinen ist CO_2 zu dieser Zeit beherrschend. Eine Lecksuche ist jedoch schwierig und erfolgt durch Überpinseln mit Öl oder Seifenwasser, die im Leckfall Blasen bilden.
Weitere wenig verwendete Kältemittel sind Ammoniak und schweflige Säure.
Die Kältemaschinen werden stehend ausgeführt und werden überwiegend direkt von Dampfmaschinen angetrieben. Die Kältemaschinen, Kondensatoren und Verdampfer werden zentral im Maschinenbereich installiert, die Wärmeabfuhr aus dem Kühlladeraum erfolgt mit einem zwischengeschalteten Solesystem. Bei Fruchtschiffen werden Luftkühler und elektrisch angetriebene Ventilatoren installiert. Die soledurchströmten Luftkühler arbeiten dabei als Trocken- oder Naßkühler. Bei Schiffen für Gefrierladung werden an den Wänden und Decken Solerohrschlangen verlegt, die damit als Luftkühler fungieren.

Isolierung
Als Isolierstoffe wurde besonders gern mit Kork gearbeitet, der als Korkplatten mit Stahlnägeln auf Holzhinterlagen genagelt wurde. Die dabei entstandenen Fugen wurden mit geruchslosem Asphaltkitt oder Zement abgedichtet. Diese Platten wurden aus Korkschrot hergestellt und durch Beimengung unbrennbarer Substanzen die notwendige Feuersicherheit erzielt. Als weitere feste Isolierstoffe wurden Filz und Asbest verarbeitet, die jedoch wegen der aufwendigen Herstellungsprozesse teurer waren. Außerdem wurden Bimsmehl, Bimsstein und Tuffstein verwendet, mit dem Nachteil des höheren Gewichts (370 kg/m^3) und geringerer Vibrationsbeständigkeit.
Blätterholzkohle und Schlackenwolle wurden als lose Isoliermaterialien verwendet und zur Isolierung der Außenhaut, Doppelböden und Luken benutzt. Die Blätterholzkohle wird zwischen den aus Holz konstruierten Wänden festgestampft, sie hat eine Dichte von 200 kg/m^3 und kostete ca. 10 Pf. pro kg. Schlackenwolle wurde als Hochofenprodukt hergestellt, hatte den gleichen Preis mit dem Vorteil absoluter Feuersicherheit. Die Dichte betrug 250 kg/m^3.
Die Erstellung der Isolierung erfolgte aufwendig und handwerklich im Schiff. Dabei wurde viel harzhaltiges Holz verwendet, welches gegen Feuchtigkeit zusätzlich mit heißem Leinöl oder geruchsloser Farbe geschützt wurde. Die Geruchsbeseitigung wurde durch „Ausschwefeln" erreicht.
Die Prüfung der fertigen Isolierung erfolgte durch Abklopfen oder Bohrproben, deren Löcher wieder aufwendig verschlossen werden mußten.
Die Kühlschiffe in diesem Zeitraum hatten Kolbendampfmaschinen zum Haupt- und Hilfsantrieb und wurden überwiegend von der englischen Firma Hall mit CO_2-Kältemaschinen ausgestattet. Die SARNIA (Bild 1.4) und SIBIRIA (Bild 2.3) wurden mit einem Duplex- und einem Single-CO_2-Verdichter der Fa. Hall ausgerüstet. Die Isolierung der Laderäume bestand aus Blätterholzkohle [15]. Bis 1910 hat die englische Firma Hall 1.800 Kältemaschinen für Schiffe ausgeliefert.
Die PUNGO und PIONIER (Bild 1.8 und 2.5) wurden mit CO_2-Kältemaschinen von der Firma G. Niemeyer ausgestattet. Die Wärmeabfuhr in den sieben Laderäumen erfolgte mit einem Solesystem, als Isoliermaterial wurde hier überwiegend Kork verwendet [15].

3.2 **Zwischen den beiden Weltkriegen**

Im zweiten Abschnitt der deutschen Kühlschiffsentwicklungen gab es eine von den Siegern des 1. Weltkrieges verordnete Zwangspause.
Reine Kühlschiffe wurden für deutsche Reeder zwischen den beiden Weltkriegen erst ab 1930 gebaut, jedoch erhielten Linienschiffe in einigen Fahrtgebieten zunehmend Laderäume, die auch für Kühlladung geeignet waren. Dabei ergaben sich durch die notwendige Isolierung und Installation von Solerohrschlangen Raumverluste je nach Größe von 20–30 %.
Als Kältemittel wurden überwiegend Kohlendioxid (CO_2) oder Ammoniak (NH_3) eingesetzt, und zur Kälteübertragung zu den Kühlladeräumen wurde häufig eine Salzsole verwendet.
Die Luftkältemaschinen wurden zu dieser Zeit in Handelsschiffsneubauten nur noch selten eingesetzt. Die NH_3-Verdichter arbeiteten bei Drücken von 2 bis 15 bar, die CO_2-Verdichter dagegen bei 20–100 bar. Die NH_3-Maschinen waren wegen der größeren Kältemittel-Volumenströme größer und damit auch teurer, allerdings wegen der niedrigeren Drücke beliebter. Wegen der Gesundheits- und Explosionsgefährdung wurden die NH_3-Verdichter in besonderen Räumen aufgestellt, allerdings ließen sich auch kleinste NH_3-Leckagen schnell und einfach ermitteln und lokalisieren. Die Preise für NH_3 lagen bei etwa 1,– RM/kg und für CO_2 etwa 50 Pf./kg.
Die ersten neuen Kühlschiffe für Deutschland nach dem 1. Weltkrieg wurden 1930 vom Bremer Vulkan (Bau-Nr. 696) [6] für die Reederei Laeisz gebaut. Es waren die 100.000-cuft-Kühlschiffe PUMA und PANTHER (s. a. Tabelle 3.2), die als Antrieb eine Dreifach-Expansionsmaschine mit 1.950 PSi erhielten und damit 13 kn liefen. Diese Schiffe waren die letzten deutschen „Bananendampfer“ mit Dampfmaschine, die folgenden Neubauten erhielten Dieselmotoren, einige wenige Dampfturbinen.
Diese Schiffe (PUMA, PANTHER, Bild 2.4) wurden für den Afrikadienst gebaut, nachdem die Afrikanische Fruchtcompagnie (AFC) 1926 die Bananenpflanzungen in Kamerun zurückkaufen konnte. Die Pflanzungen waren im schlechten Zustand, und es bedurfte vieler Investitionen und Arbeit, um die 8.000 ha neu zu kultivieren [7]. Erst ab 1930/31 wurde Gewinn erwirtschaftet, zum Transport der Bananen wurde die AFC in eine AG umgewandelt, die Mehrheit lag bei Laeisz, kleine Beteiligungen hielten die Reederei Russ und einige Kleinaktionäre.
Die Kühlschiffahrt unter deutscher Flagge wird zwischen den beiden Weltkriegen weitgehend von der AFC/F. Laeisz betrieben. Von hier und aus England kamen die Erfahrungen und Impulse für neue Schiffe und Verbesserungen im Bereich der Ladungskühlanlagen. Andere deutsche Reedereien mit Kühlschiffen sind die Midgard, Union, Harald Schuldt, Norddeutscher Lloyd, Rob. M. Sloman jr. und die Hamburg-Südamerikanische Dampfschiffahrtsgesellschaft (HSDG).
Die Reedereien Midgard und Norddeutscher Lloyd waren nur kurze Zeit in der reinen Kühlschiffahrt tätig. Die „Midgard“, Deutsche Seeverkehrs AG, Nordenham, kaufte 1933 die beiden nach dem 1. Weltkrieg beschlagnahmten Kühlschiffe PIONIER und PUNGO (F. Laeisz, 1914) von England zurück. Sie wurden in NORDENHAM und OLDENBURG umbekannt und in der Fruchtfahrt zwischen Mittelamerika und Bremerhaven eingesetzt. 1936 wurden sie an die Reederei Union Handels- und Schiffahrts Gesellschaft mbH, Bremen, übertragen.
Die Union hat 1936 außerdem vier andere Kühlschiffe aus England gekauft: die
BRAKE ex ZENT von Elders & Fyffes, Liverpool
BREMERHAVEN ex REVENTAZON von Elders & Fyffes, Liverpool
VEGESACK ex MANZANARES von Elders & Fyffes, Liverpool
WESERMÜNDE ex CHIRRIPO von Elders & Fyffes, Liverpool.
Die technischen Daten in der Tabelle 3.2 zeigen den Unterschied zwischen den englischen und deutschen neugebauten Kühlschiffen. Diese in England gebauten Schiffe sind langsamer, da sie 10–15 Jahre älter sind, sind aber fast doppelt so groß. Die Ladungskühlanlagen arbeiteten mit CO_2 und wurden von Hall hergestellt.
Die beiden deutschen Neubauten (PUMA, PANTHER) wurden zwischen Kamerun und deutschen Häfen eingesetzt, später verlängert und brauchten pro Tag 3.000 kg Kohlen [7]. Die PUMA erhielt die Ladungskühlanlage von G. Niemeyer (Hamburg) und die PANTHER von Hall (London).
1933 wurde der dritte Neubau für F. Laeisz nach dem 1. Weltkrieg, die PIONIER (II) (Bild 2.5) vom Bremer Vulkan gebaut. Dieses Schiff war das erste Motorschiff für die Reederei Laeisz, der installierte doppeltwirkender Zwei-Takt-Dieselmotor hatte 5 Zylinder, leistete 3.050 PS und verlieh dem Schiff eine Geschwindigkeit von 15 kn.
Die Einfuhr der frischen Bananen aus Kamerun entwickelte sich ab 1931 auf 75.000 t/a im Jahre 1939 [7]. Für dieses Anwachsen der Fruchtladung wurden neue Kühlschiffe benötigt. 1935 wurden daher die PELIKAN (Bild 2.6), die PONTOS und 1936 die PHYTON in Dienst gestellt. Die Ladungskühlanlagen der PELIKAN und PONTOS wurden von den Atlaswerken (Bremen) und der PHYTON von G. Niemeyer hergestellt. Sie waren mit vier Kolbenverdichtern ausgerüstet und arbeiteten mit CO_2. Damit wurde ein achttägiger Liniendienst zwischen Tiko (Kamerun) und Hamburg eingerichtet, ein kleineres Frachtschiff (die PORJUS) wurde als Verteiler zwischen Hamburg und Skandinavien (Göteborg, Oslo) eingesetzt.

Die ULM (Bild 2.44) war für den Norddeutschen Lloyd das einzige Kühlschiff, die ULM wurde für eine ausländische Reederei als RAPIDE gebaut. Sie wurde vor der Fertigstellung 1938 vom Norddeutschen Lloyd angekauft und in verschiedenen Fahrtgebieten im Fruchttransport eingesetzt.

3.2.1 **PARANA, Hamburg Süd**

Auf einer Serie von HSDG-Schiffen wurden umfangreiche indirekte Ladungskühlanlagen für den Gefrier-Fleischtransport von Südamerika nach Deutschland installiert. So wurden z. B. auf der PARANA 6.500 m³ (230.000 cuft) Ladekühlräume für ca. 2.000 t Fleisch eingerichtet, welches bei -10° C befördert wurde.
Es wurden drei CO_2-Kältemaschinen (Fa. Astra-Niemeyer) in liegender Bauart mit Dampfantrieb installiert, wobei die Verdichterkolben auf den Kolbenstangen der Dampfkolben angeordnet waren. Die Auslegung der Ladungskühlanlage erfolgte für 30° C Seewassertemperatur und -10° C Lufttemperatur (im Laderaum) und eine Verdichterlaufzeit von 16 h pro Tag.
In den Laderäumen wurden insgesamt 20 km Rohre an den Wänden und Decken verlegt, die von der Kaltsole durchströmt wurden. Es wurde das Prinzip der stillen Kühlung angewendet.
Die Ladung kam in Argentinien bereits gefroren an Bord, der Laderaum war zu diesem Zeitpunkt bereits auf -10° C vorgekühlt. Beim Beladen (und Löschen) lief die Kälteanlage durch, und die Luken wurden dabei so wenig wie möglich geöffnet. Die Gefrierfleischladung wurde in großen, in Leinwand genähten Stücken angeliefert und bis zur Decke der ca. 8 m hohen Laderäume aufeinandergestapelt.

3.2.2 **ULM, ein Kühlschiff zum Fruchttransport, Norddeutscher Lloyd (NDL)**

Die ULM (Bild 2.44) wurde 1938 auf der Danziger Werft als Fruchtkühlschiff gebaut und vom Norddeutschen Lloyd in Dienst gestellt. Die wichtigsten Daten dieses Kühlschiffes sind in der Tabelle 3.2 aufgeführt und zeigen ähnliche Abmessungen wie die anderen deutschen Kühlschiffe dieser Zeit, sie ist jedoch mit 16 kn etwa so schnell wie die „Sloman“-Schiffe aus Skandinavien.
Der Hauptmotor, ein doppeltwirkender 2-Takt-Dieselmotor von MAN, leistet 3.950 PS bei 140 U/min.
Die direkt wirkende Ladungskühlanlage arbeitet mit Ammoniak als Kältemittel, d. h. die Verdampfung des Ammoniaks erfolgt in den Luftkühlern der Laderäume. Das geplante Schwesterschiff sollte mit einer indirekt wirkenden Ladungskühlanlage ausgerüstet werden, d. h. hier sollte ein Solekreislauf zwischen Verdampfer und Luftkühler angeordnet werden [16].
Als Kältemaschinen wurden zwei elektrisch angetriebene Zweizylinderkompressoren eingesetzt mit einer Gesamtkälteleistung von 160.000 kcal/h. Das Schiff hat insgesamt zehn Kühlladeräume mit 4.000 m³ Rauminhalt, jeder Kühlraum bildet eine Klimazone mit eigenem Verdampfer und Ventilatoren, die eine 40- bis 50fache Luftumwälzung ermöglichten. Nach jedem Verdampfer ist ein elektrischer Lufterhitzer angeordnet, der zum Abtauen beim Apfeltransport oder Heizen beim Bananentransport und zu niedrigen Außentemperaturen diente.
Die Isolierung erfolgte weitgehend mit Kork, wobei Korkschrot und Expansitkorkplatten verwendet wurden. Die Luftumwälzung wurde horizontal durch die Ladung geführt, mit je einem seitlichen Druck- und Saugkanal. Diese Kanäle wurden begehbar gebaut, und der Laderaum 3 erhielt z. B. insgesamt 200 Luftklappen zur individuellen Einstellung der örtlichen Luftmengen.
Die Meßwerterfassung der Laderaumtemperaturen erfolgte mit elektrischen Fernthermometern. Außerdem wurde in jedem Laderaum ein elektrisches CO_2-Meßgerät installiert. Die Meßwerte wurden auf die Brücke und in den Kühlmaschinenraum übertragen.

3.3 **Kühlschiffe nach 1950**

Der Neuanfang der deutschen Handelsflotte und der Kühlschiffsflotte nach dem 2. Weltkrieg war schwierig. Bis auf einige wenige Schiffe war der überwiegende Teil entweder zerstört, versenkt oder abgegeben. Die zukünftige Handelsflotte war anfangs durch verschiedene Vorschriften (Potsdamer Abkommen) insbesondere der zugelassenen Schiffsdaten (Abmessungen, Leistungen, Geschwindigkeit) beschränkt.
Das erste deutsche Kühlschiff nach dem Krieg ist die BRITISH COLUMBIA EXPRESS. Es wurde von den *vier* Hamburger Fruchtimporthäusern Bruns, Bey, Lehmann und Stier angekauft, in QUADRIGA umbenannt und für die Fruchtfahrt nach Deutschland eingesetzt. Dieses Schiff wurde als Bau-Nr. 500 von den Götaverken A/B, Göteborg, 1936 für die norwegische Reederei Skibs A/S Victoria/Oslo gebaut (s. a. Tabelle 3.3).
Aus verschiedenen Gründen wurden einige der im Potsdamer Abkommen festgelegten Beschränkungen aufgehoben oder verändert. Nach dem Petersberger Abkommen (1949) durften sechs Kühlschiffe gebaut werden, die zum Transport von Früchten und Bananen geeignet waren [7]. Diese Schiffe durften 16,5 kn statt der bisher geltenden 12 kn laufen und 3.000 BRT statt 1.500 BRT vermessen.
Sie wurden von den Reedereien F. Laeisz (PROTEUS,

PERSEUS, beide Deutsche Werft, Hamburg; PEGASUS, HDW Kiel), H. Schuldt (ANGELBURG, HDW Kiel) und W. Bruns & Co. (QUARTOLE, QUADRIVIUM, beide Lübecker Flenderwerke) 1950 in Auftrag gegeben und 1951 sowie 1952 abgeliefert. Für die Flender Werft waren dieses die ersten Kühlschiffe für deutsche Reedereien. Die wichtigsten Daten dieser Schiffe sind in der Tabelle 2.12 und Tabelle 3.3 aufgeführt.

Die Laeisz-Schiffe PROTEUS und PERSEUS wurden aus den letzten Vorkriegsbauten (PALIME, POMONA und PANTHER [II] der Deutschen Werft) weiterentwickelt und daher bei der Deutschen Werft AG, Hamburg-Finkenwerder, gebaut. Mit diesen Schiffen bestellte diese Reederei erstmals universelle Kühlschiffe für Frucht- *und* Tiefkühlfahrt, die einen großen Temperaturbereich in den Laderäumen fahren konnten und für verschiedene Umwälzraten der Laderaumluft ausgerüstet waren.

Die PEGASUS wurde von F. Laeisz gemeinsam mit der Reederei E. Russ, Hamburg, bei der HDW-Werft in Kiel in Auftrag gegeben, die diesen Schiffstyp erstmals für deutsche Rechnung baute. Dieses Schiff hatte die Bau-Nr. 951, die ANGELBURG (Reederei H. Schuldt) die Bau-Nr. 950.

Technisch interessant sind die Neubauten der Lübecker Flenderwerke mit einem dieselelektrischen Zusatzantrieb. Die angegebenen Abmessungen lassen vermuten, daß die Geschwindigkeit etwas höher liegen müßte als angegeben. Ein Vorteil dieser Anordnung ist, daß die E-Leistung in der Runterkühlphase von zwei bis drei Tagen für die Kühlanlage zur Verfügung steht, danach auf den Propeller wirken kann, wodurch eine höhere Geschwindigkeit erzielt wird. Außerdem ist eine langsame Fahrt auch beim Ausfall des Hauptmotors möglich (Take-Home-Betrieb). Diese Technik wurde für Fischfangschiffe angewendet und neuerdings auch für Kreuzfahrtschiffe und Fähren. Bei den Entwicklungen der nächsten Kühlschiffsgeneration für flexible Einsätze scheint diese Antriebskonzeption zukunftsweisend zu sein.

3.3.1 **PROTEUS, PERSEUS, F. Laeisz, 1951** [17]

Die PROTEUS und PERSEUS (Bild 2.8) wurden als universelle Kühlschiffe für die Frucht- und Fleischfahrt unter GL-Klasse bei der Deutschen Werft als elegante, jachtähnliche Schiffe mit weit ausfallendem Vorsteven gebaut. Die Deckshäuser wurden an den Enden abgerundet, die Windenhäuser erhielten Stromlinienform, und die Masten und Schornsteine erhielten einen leichten Fall.

Als Hauptmaschine diente ein doppeltwirkender Zweitaktmotor (MAN, 6 Zylinder, Hub 1.100 mm, Zylinderdurchmesser 600 mm) mit angehängter Spülluftpumpe. Die Maschinenleistung betrug im Nennbetrieb 4.095 PS bei 130 U/min, und der angegebene Verbrauch lag bei der Nennleistung um 675 kg/h (0,164 kg/PS h). Zur elektrischen Stromerzeugung wurden vier „Diesel-Dynamos" mit je 150 kW Dauerleistung installiert bei 230 Volt Spannung und 500 U/min. Die Hilfsdiesel (MAN) waren als Viertaktmotoren (ohne Abgasturboladung) mit 6 Zylindern, 220 mm Zylinderdurchmesser und 330 m Hub ausgeführt.

Die Haupt- und Hilfsdiesel wurden mit Frischwasser gekühlt, welches von zwei Kreiselpumpen (Körting), davon eine in Reserve, mit je 320 m^3/h bei 22 m Förderhöhe gefördert wurde. Die Rückkühlung erfolgte mit Seewasser, dazu wurden drei Kreiselpumpen (Körting) mit 320 m^3/h Fördermenge bei 18 m Förderhöhe installiert. Es genügte eine Pumpe für den Nennbetrieb bei 30° C Seewassertemperatur ohne Kühlladung. Bei Betrieb der Ladekühlanlage wurden zwei benötigt, die dritte Pumpe stand in Reserve.

Die indirekte Ladungskühlanlage bestand aus drei Verdichtern, drei Rohrbündelkondensatoren mit Flüssigkeitssammlern und den Verdampfern, die in den drei Solekühlergefäßen integriert waren. Die Wärmeabfuhr aus den Laderäumen erfolgte mit dem Solesystem, bestehend aus drei elektrisch angetriebenen Solepumpen (90 m^3/h, 34 m Förderhöhe), den acht Trockenluftkühlern in den Laderäumen und den verbindenden Rohrleitungen und Armaturen. Die drei stehenden gekapselten Ammoniak-Gleichstromkolbenverdichter (Typ ARE 1600, 175 mm Durchmesser, Hub 175 mm, n = 280/375 U/min, Hersteller Bergedorfer Eisenwerk Astra-Werke AG, Hamburg) wurden von Elektromotoren (82/110 PS bei 1.100/1.450 U/min) mit Keilriemen angetrieben und befanden sich im Maschinenraum.

Die Isolierung der Außenhaut, Decks und Schotten erfolgte nach dem Alfol-Knitterverfahren (Aluminiumfolie) mit einer Gewichtseinsparung von ca. 160 t im Vergleich zu üblichen organischen Isoliermitteln. Die Tankdecke wurde mit zwei Lagen Torfoleumplatten (in Bitumen verlegt) und einer Lage poröser Holzfaserplatten (Z-Platten) isoliert. Die obere Abdeckung bildete ein Holzdeck aus Oregonpine. Die Außenverkleidung der Wände und Decks erfolgte durch einen nichtbrennbaren Kunststoff (Internit) aus Zellulose-Asbestmischung, der in Platten gepreßt wurde und formbeständig und unempfindlich gegen Schwammbildung und Nässe war. Zur Entfernung der Isolierung wurden die Laderäume mit einer Dehydrierungsanlage ausgestattet.

Die Umwälzung der Kaltluft in den Laderäumen erfolgte horizontal durch die Ladung von acht Ventilatoren mit (Schraubenlüfter) Fördervolumenströmen von 40.000 bis 55.000 m^3/h bei einer Förderhöhe von 40 mm Wassersäule. Das entsprach etwa einem 60fachen Luftwechsel, bezogen auf den leeren Laderaum. Die Kaltluftführung erfolgte druckseitig und saugseitig horizontal durch begehbare Kontrollgänge auf den beiden Schiffsseiten und horizontal

durch die Ladung. In den stirnseitigen Luftkühlerräumen waren die Ventilatoren und die Trockenluftkühler mit Rippenrohren angeordnet.
Da diese Schiffe für Plus- und Minusladung ausgelegt waren, wurden zur Vermeidung von Schimmelbildung und schlechter Gerüche zwei Ozonanlagen mit einer Leistung von je 4 g Ozon pro Stunde bei einem Leistungsbedarf von 400–500 W (Fa. Demag-Elektro-Metallurgie) vorgesehen.

3.3.2 **ANGELBURG, Reederei H. Schuldt, 1951**

Die ANGELBURG wurde Ende 1951 von der Howaldtswerke AG, Kiel, abgeliefert, als Kühlschiff ist sie für die Beförderung von Früchten (Plusladung) und Fleisch (Minusladung) von +12° C bis -12° C ausgestattet.
Die Ladungskühlanlage entspricht den Anlagen der PEGASUS, PROTEUS und PERSEUS der Reederei F. Laeisz und wurde von den gleichen Firmen erstellt.
Auf der ANGELBURG konnten ausführliche Kühlversuche und Messungen erfolgreich durchgeführt werden, die auf der PROTEUS und PERSEUS mißlungen sind [17].
Die Kühlerprobung laut Vorschriften der Klassifikation wurde nach der Prüfart von 1930 wie folgt vorgenommen: Nach Erreichen der Solltemperatur im Laderaum wurden die Kältemaschinen abgestellt und der Temperaturanstieg stündlich aufgeschrieben. Das Kühlzertifikat wurde erteilt, wenn der Temperaturanstieg pro Stunde weniger als 1° C betrug. Diese Methode war nicht zufriedenstellend, da die Wände und Einbauten in den Kühlladeräumen einen Kältespeicher bilden, der den Temperaturanstieg beeinflußt.

3.3.3 **POLARLICHT, POLARSTERN, Hamburg Süd, 1964** [18]

Die POLARLICHT (Bild 2.32) wurde von der Hamburger Werft Blohm & Voss erbaut, hatte am 20. Mai 1964 Stapellauf und wurde am 22. September als 34. Neubau an die Hamburg Süd abgeliefert [17]. Die Maschinen- und Ladungskühlanlage war weitgehend automatisiert und für 27 Mann ausgelegt. Andere Kühlschiffe dieser Zeit wurden mit 39–41 Mann gefahren. Eine vergleichbare Entwicklung war auch bei der Union zu verzeichnen, hier sammelte man zeitgleich mit der MINDEN auf diesem Gebiet Erfahrungen.
Die POLARLICHT wurde, wie zunehmend üblich, als Kühlschiff für den universellen Betrieb (Minus-/Plusladung) gebaut. Zur schiffbaulichen Optimierung wurde in [18] ein Diagramm veröffentlicht, in dem L · B · H über dem Laderauminhalt in cuft aufgetragen sind mit Eintragung von gebauten Kühlschiffen. Die mittlere Kurve H wird als ideal bezeichnet, wenn Tanks für den Schwerölvorrat für eine Rundreise vorhanden sind. Außerdem sind hier Geschwindigkeitsdiagramme abhängig von der Antriebsleistung und dem Tiefgang veröffentlicht. Es wurden gemeinsam mit der Hamburgischen Schiffbauversuchsanstalt (HSVA) umfangreiche Modellversuche zur Schiffsform durchgeführt, die in [18] veröffentlicht wurden.
Die Schiffe wurden als Vier-Lukenschiffe mit zwei Luken und drei Zwischendecks vor und zwei Luken und zwei Zwischendecks hinter dem Brückenhaus gebaut. Im Vorschiff sind pro Luke vier Kühlladeräume angeordnet, wobei je zwei Räume ein Kompart (Temperaturzone) bilden. Im Hinterschiff sind pro Luke jeweils drei Kühlladeräume angeordnet, die zwei oberen bilden ein Kompart und der untere bildet ein Kompart. Es stehen somit insgesamt 14 Kühlräume mit acht Temperaturzonen zur Verfügung.
Als Isoliermaterial wurde ein Glasfasermaterial (Typ Bergla-Tel/B) mit 20 kg/m^3 angewendet. Bisher wurde überwiegend Alfol mit 3 kg/m^3 angewendet statt Mineralfasern mit 45–60 kg/m^3. Dadurch waren Gewichtseinsparungen von 70–80 t/pro Schiff möglich. Die Verlegung von Alfol ist jedoch sehr aufwendig. Die Bodenisolierung wurde aus expandiertem Kork, eisenarmiertem Asphalt und einer dazwischenliegenden Warkausplatte aufgebaut, um Gabelstaplerbetrieb zu ermöglichen. Styropor wurde wegen der heizbaren Doppelbodentanks nicht verwendet.
Die Seitenwände wurden mit Glasfasern isoliert und mit Warkausplatten (mit senkrechten Kanälen zur besseren Durchlüftung der Ladung) abgedeckt. Die Decken wurden mit feuerverzinktem Blech verkleidet.
Für die Umwälzung der Kaltluft wurde das vertikale Robsonsystem mit zwei seitlichen Druckkanälen installiert. Der Bereich der Außenhautpforten wurde mit losnehmbaren Luftkanälen versehen.

Ladungskühlanlage

Es wurde eine Ladungskühlanlage nach dem „Kühlschrankprinzip“ installiert, auch als dezentrale Kälteanlage bezeichnet. Auf diesen Schiffen wurden acht Temperaturzonen mit acht voneinander unabhängigen Kältemaschinenanlagen installiert. Die Kältemaschinen standen im vorderen und hinteren Windenhaus. Die Leistung war auf der POLARLICHT mit 1.316.000 kcal/h (1.530 kW) so ausgelegt, daß die Rücklufttemperatur der gesamten Bananenladung in 24 h auf den Sollwert von 12° C + 2 = 14° C heruntergekühlt werden konnte. Ferner konnte Gefrierfleisch bei - 20° C gefahren werden. Es wurden auf der POLARLICHT für die Ladungskühlanlage insgesamt 47 Kolbenverdichter für das Kältemittel R12 in Hermetic-Bauart mit 285.000 kcal/h (bei 7° C Verdampfungs- und 40° C Kondensationstemperatur) vorgesehen. Weitere vier Verdichter standen als Reserve zur Verfügung, die gleichen Verdichter wurden auch für die Klima- und Proviantkühlanlage eingebaut.

Die Leistungsregelung der Verdichter auf der POLARLICHT erfolgt durch stufenweise Drosselregelung für jeden Zylinder. Wird die Kälteleistung eines Zylinders weggedrosselt, erfolgt die Abschaltung eines Zylinders. Dieser Vorgang wiederholt sich, bis die Leistung eines Verdichters abgeschaltet werden kann.

Das Abtauen erfolgt ebenso wie die Temperatursollwerteinstellung von der Brücke. Die automatische Abtaueinrichtung schaltet die Magnetventile in dem Kältekreislauf des jeweiligen Systems um und leitet Heißgas von der Druckseite durch die Luftkühler. Es erfolgen eine selbsttätige Lüfterabschaltung und Jalousienschließung im Luftkühlerraum.

Zur Überwachung der Laderäume wurden eine elektrische CO_2-Meßanlage und eine Fernthermometeranlage der Fa. Siemens installiert. Zur Entkeimung der Kühlraumluft dienten zwei Ozonanlagen mit einer Kapazität von je 4 g Ozon pro Stunde.

Die Kältemaschinen und Kondensatoren werden dezentral in den beiden Windenhäusern zwischen der 1. und 2. und der 3. und 4. Luke installiert. Die Luftkühlräume und Ventilatoren befinden sich unter den Windenhäusern auf dem 1. und 3. Deck.

Die Ventilatoren saugen die warme Rückluft über der Ladung an und drücken sie durch die Luftkühler in die seitlichen Druckkanäle im Laderaum. Die Luftverteilung in den Laderäumen erfolgt auf der POLARLICHT durch die unterschiedliche Lochanzahl in den Grätingen.

Die Grätinge wurden aus Aluminium hergestellt, wodurch sich eine Raumersparnis von 3.000 cuft und eine Gewichtsersparnis von 30 t ergab. Es wurde eine Binseinrichtung mit etwa 3.000 cuft/Bin installiert, mit Stützen und Latten aus Holz.

Die Verteilung der Grätinglöcher mit 13 mm im Durchmesser wurde so angeordnet, daß im vorderen Laderaumdrittel 24 %, im mittleren Drittel 30 % und im hinteren Laderaumdrittel 46 % des Umluftvolumenstromes flossen. Dadurch sollte eine weitgehend gleichmäßige Temperaturdifferenz im stationären Bananen-Kühlbetrieb von 0,7° C erreicht werden.

Die POLARSTERN (Bild 2.33) wurde bei der Deutschen Werft gebaut, die Ladungskühlanlage von der englischen Firma Hall geliefert. Die wichtigsten Daten der Ladungskühlanlage sind in der Tabelle 3.4 aufgeführt.

Auf der POLARSTERN erfolgte die Leistungsregelung der Kälteanlage durch Drehzahlverstellung der Verdichter von 1.000–1.500 U/min.

Die gleichmäßige Luftverteilung wurde durch eine Dreiteilung der beiden seitlichen Druckkanäle erreicht. Jedes dieser Kanalsegmente verläuft schräg von oben nach unten und versorgt einen Teil des Laderaumes mit Zuluft (Bild 4.15).

Die Bodengrätinge auf der POLARSTERN bestehen aus 1 mm starken Warkausplatten auf 70 mm hohen Blindhölzern. Die max. Luftgeschwindigkeit in den seitlichen Druckkanälen wurde auf 10 m/s eingestellt.

3.3.4 **BLUMENTHAL, Union, 1974** [19]

Die BLUMENTHAL (Bild 3.1, Tabellen 2.8 und 3.3) wurde von der Howaldtswerke Deutsche Werft AG Ham-

Bild 3.1: BLUMENTHAL (II), 1974 von den Howaldtswerken Hamburg an die Union abgeliefert, 1981 an Lauritzen (DK), 1986 an Laskaridis als FRIO ATLANTIC (Foto Fruchthof Bremen)

burg und Kiel als Bau-Nr. 74 im Hamburger Werk Roß für Frucht- und Tiefkühlladung gebaut. Das Deckshaus ist weiter hinten als sonst üblich, zwischen Luke 3 und 4, angeordnet. Das Schiff erhielt einen Wulstbug und wurde vom GL klassifiziert.
Als Hauptantriebsanlage wurden statt den bisher üblichen langsamlaufenden Zweitakt-Motoren bei diesem Schiff zwei mittelschnellaufende Viertakt-Motoren (mit Schweröleignung) mit je 11.700 PS bei 520 U/min installiert. Diese bei Blohm & Voss in Lizenz gebauten SEMT-Pielstick-Motoren sind nicht umsteuerbar, sie arbeiten beide über ein Untersetzungsgetriebe auf einen Verstellpropeller und verleihen dem Schiff eine Geschwindigkeit von 23 kn. An diesem Getriebe wurden außerdem zwei Wellengeneratoren mit je 1.920 kW bei 1.800 U/min installiert, die je einem Dieselmotor zugeordnet sind. Zur Stromversorgung wurden außerdem zwei MAK-Dieselmotoren mit jeweils 900 kW bei 900 U/min installiert, die im Revier- und Hafenbetrieb die elektrische Energieversorgung übernehmen.
Die Isolierung erfolgte überwiegend mit Styroporplatten (Dichte 20 kg/m^3), reedereiseitig lagen bezüglich der Feuchtigkeitsaufnahme, Isolierwirkung und Geruchsaufnahme gute Erfahrungen vor. Für die Laderaumverkleidung wurde verzinktes Blech verwendet, der Kontakt zwischen dem Konstruktionsmaterial Holz und Styropor wurde durch eine Asbestfolien-Zwischenlage unterbunden. Der Kühlversuch ergab einen mittleren Wärmedurchgangskoeffizienten von 0,384 kcal/(m^2, h,° C).
Die Kältemaschinen, Kondensatoren und Verdampfer der Ladungskühlanlage mit R22 als Kältemittel wurden zentral im Maschinenraum installiert. Sie besteht aus drei Schraubenverdichtern vom Typ Stal SVK 56 E mit je 675.000 kcal/h (- 15° C, 30° C) bei 3.510 U/min mit einer Antriebsleistung von 370 PS. Sie wurde so ausgelegt, daß ein Schraubenkompressor ausreicht, um eine Laderaumtemperatur von - 30° C bei 40° C Lufttemperatur und 32° C Seewassertemperatur zu halten.
Das Solesystem ist in drei Teilsysteme mit drei Temperaturen unterteilt, zwei zum Kühlen und ein System zum Heizen bzw. zum Abtauen.
Die Laderaumbelüftung erfolgt mit insgesamt 146 Ventilatoren vertikal nach dem Ductless-Prinzip, die Lüfter mit zwei Drehzahlen durch Frequenzumformer (60 Hz, 20 Hz) ermöglichen einen 90fachen Luftwechsel pro Stunde. Jeder der 15 Ladekühlräume wurde mit einem Luftkühlraum ausgestattet, es wurden sieben Kühlzonen vorgesehen. Die Grätinge bestehen aus Sperrholz, die 28 bis 36 Bohrungen mit 16 mm Durchmesser pro m^2 für den Luftdurchtritt haben, der Luftkanal unter den Grätingen ist je nach Raum 90–240 mm hoch. Zur Überprüfung dieser Dimensionierungen wurden werftseitig umfangreiche Luftmessungen durchgeführt.

3.3.5 **HELENE JACOB, WALTER JACOB, Reederei Ernst Jacob, 1984** [20]

Als die HELENE JACOB (Bild 2.1) 1984 abgeliefert wurde, gab es kein Kühlschiff unter deutscher Flagge. Damit beginnt die vierte Phase der deutschen Kühlschiffahrt, die letzten deutschen Kühlschiffe wurden 1981 von der Union verkauft. Insofern ist es erfreulich, daß diese Schiffe unter langfristiger Charter der Bremer Scipio-Gruppe (Union) fahren. Nach der Übergabe an die Reederei Jacob und Taufe auf den Namen HELENE JACOB begann die Charter unter dem Traditionsnamen der Union als BLUMENTHAL. Es ist die dritte Trägerin dieses Namens, die Schwester WALTER JACOB (Bild 2.46) wurde ebenfalls von der Scipio-Gruppe gechartert und fuhr unter dem Namen BREMERHAVEN.
Die besonderen äußeren Merkmale dieses 475.000-cuft-Schiffes sind das hinten angeordnete Brückenhaus und das Freifallrettungsboot, welches als „Rettungssatellit" bezeichnet wird. Das Freifallrettungsboot und ein Teil der Brückenausstattung sind Komponenten aus dem Forschungsprojekt „Schiff der Zukunft". Das Freifallrettungsboot wurde hier erstmals auf einem deutschen Handelsschiff eingesetzt, es ist für 28 Personen ausgestattet und für Eigen- und Fremdrettung geeignet. Die im Boot installierte Rettungsbootsstation ist mit der Navigationsanlage des Schiffes verbunden, darüber wird die Schiffsposition in regelmäßigen Abständen übertragen. Im Notfall kann damit die Schiffsposition automatisch auf Flug- und Seenotfrequenzen gesendet werden (Bild 2.1).
Vor dem Brückenhaus befinden sich vier Luken mit drei Zwischendecks. Zwischen den Luken 1 und 2, 2 und 3 und 3 und 4 wurden Deckshäuser angeordnet, auf denen sich je ein Bordkran mit einer Tragkraft von 10 t (18 m Ausladung) befindet. Vor Luke 1 und dem Brückenhaus befindet sich je ein Mastkran mit 5 t bzw. 10 t Tragkraft. Die Wetter- und Zwischendecksluken werden hydraulisch betätigt und haben integrierte Elevatorluken (2,7 x 2,25 m). Auf Deck 2 haben die Ladekühlräume Stb und Bb Seitenpforten (2 x 2,20 m), die hydraulisch betätigt werden.

Isolierung

Die Decken- und Wandflächen der Kühlladeräume wurden mit Mineralwolle isoliert (mittl. k-Wert = 0,46 W/m^2 K), die Verkleidung der Decken erfolgte mit 12 mm Sperrholz. Die Unterzüge (Längs-, Querträger) wurden mit 50 mm Styropor isoliert und mit 1,25 mm verzinktem Stahlblech verkleidet. Die übrigen Wandflächen wurden mit 18 mm gespurten Sperrholzplatten verkleidet. Die Bodenisolierung besteht aus 30 mm Vermeculite und 2 x 80 mm Styropor SP 20. Die Abdeckung des Styropors und der Blindhölzer erfolgte mit 1,5 mm verzinktem Stahlblech und 24 mm Sperrholz. Die Grätinge bestehen aus geripptem

27 mm Sperrholz auf entsprechenden Blindhölzern und sind für luftbereifte Gabelstapler mit 50 kN Achslast bemessen.
Die Laderaumaufteilung ist typisch mit vier Luken zu je vier Räumen, d. h. insgesamt 16 Laderäume und acht Temperaturzonen. Je zwei Räume werden zu einer Kühlgruppe zusammengefaßt und können unabhängig von den anderen Kühlgruppen im Temperaturbereich von + 12 bis - 25° C gefahren werden. Jeder der 16 Räume außer 1B, 1C und 2D wurde mit zwei solebeaufschlagten Luftkühlern ausgestattet. Die Lüfter sind für einen 30- bis 90fachen Luftwechsel pro Stunde ausgelegt (Frequenzumformer), die Frischluftwechselrate beträgt 2fach pro Stunde. Dabei wird die Frischluft über regenerative Wärmetauscher abgekühlt. Das sind langsam drehende Wärmetauscher, deren drehende Elemente von der kalten austretenden Luft abgekühlt werden. Durch die Drehung wandern diese Elemente in die einströmende warme Luft und kühlen diese ab. Dieser Vorgang verläuft kontinuierlich, und mit dieser Methode lassen sich Luft/Luft-Wärmetauscher mit relativ geringer Baugröße und geringem Volumen einsetzen.
Die zentrale indirekte Ladungskühlanlage besteht aus dem R22-Kältemittelkreislauf (Verdichter, Kondensator, Expansionsventil, Verdampfer), dem zwischengeschalteten Solekreislauf mit Luftkühlern in den Laderäumen und dem Luftkreislauf im Laderaum. Der Kältemittelkreislauf beinhaltet drei Schraubenverdichter (Antriebsleistung 552 kW bei - 15° C Verdampfungstemperatur), drei seewassergekühlte Kondensatoren und drei Verdampfer.
Es wurden drei Solesysteme installiert, zwei Kaltsolesysteme mit je einem Verdampfer. Der dritte Verdampfer kann wahlweise an eines dieser Kaltsolesysteme geschaltet werden. Zum Abtauen bzw. Heizen besteht ein Wärmesolekreislauf, der von Thermoöl beheizt wird. Jedes der drei Solesysteme kann auf die Luftkühler geschaltet werden. Die Regelventile zur Lufteintrittstemperaturregelung befinden sich im Rücklauf.
Der Luftkreislauf in den Kühlladeräumen wird von Axiallüftern angetrieben, die sich auf den beiden Luftkühlern im Luftkühlerraum befinden (Raum 1B, 1C, 2D ein Luftkühler). Die Luft wird durch die Luftkühler gedrückt und unter den Grätingen horizontal verteilt. Durch die Löcher in den Grätingen steigt die Luft vertikal durch die Ladung und wird durch die Rückluftöffnungen oben in der Trennwand zwischen dem Luftkühlerraum und dem Kühlraum wieder angesaugt.
Der Hauptmotor ist wieder ein langsamlaufender 2-Takt-Motor, wir erinnern uns an die letzten unter deutscher Flagge fahrenden Kühlschiffe (BLUMENTHAL, BREMERHAVEN), die von zwei mittelschnellaufenden 4-Takt-Motoren mit je 16 Zylindern angetrieben wurden. Der Hauptmotor leistet 11.100 kW bei 123 U/min, ist für Schweröl IF 380 eingerichtet.

Weitere Besonderheiten auf diesem Kühlschiff sind ein Wellengenerator und das Thermoölsystem, welches anstatt des Dampfsystems installiert wurde. Zu der Zeit wählten die Reeder häufig aufgrund der bestehenden Vorschriften Thermoöl als Wärmeträger für notwendige Heizaufgaben.
Wellengeneratoren (WG) wurden selten auf Kühlschiffen eingebaut, obwohl sie eine ideale Ergänzung darstellen. Bedingt durch die kurzzeitig (1–2 Tage) hohen E-Leistungen beim Runterkühlen kann der vom Hauptmotor angetriebene WG hier entlastend wirken, nach der Runterkühlphase kann der Hauptmotor mehr Wellenleistung abgeben, um eine hohe Geschwindigkeit zu gewährleisten.
Der WG leistet 1.300 kW, die drei Hilfsdieselgeneratoraggregate leisten jeweils 750 kW. Damit stehen insgesamt etwa 3.500 kW zur Verfügung, wovon in der Runterkühlphase für Bananen etwa 1.500 kW benötigt werden.
Der Mitte der sechziger Jahre eingeführte schallisolierte, klimatisierte Maschinenkontrollraum (MKR) wird auf diesem Schiff in eine Hafen-Tages-Zentrale (HTZ) und einen Schaltraum im Maschinenraum unterteilt. Der Schaltraum enthält die Hauptschalttafel, Elektronikschränke und Steuer- sowie den Regelschrank für die Ladungskühlanlage. In der HTZ befinden sich die Anzeige-, Regel- und Bediengeräte für den restlichen Hilfsmaschinen- und Hauptmaschinenbetrieb und die Alarmanlage. Auf der Brücke mit Rundumsicht befindet sich die sogenannte Schiffsführungszentrale mit dem nautischen Bereich im Vordergrund und dem Technikpult im Hintergrund [20].

3.3.6 **Hansa-Klasse, Leonhardt & Blumberg, 1989/92** [21]

Im Jahre 1989 wurde das erste Kühlschiff einer Viererserie der Hansa-Klasse an die Reederei Leonhardt & Blumberg abgeliefert. Für diese Reederei waren es die ersten Kühlschiffe und für die deutsche Flotte eine erhebliche Verstärkung der beiden unter deutscher Flagge eingesetzten Kühlschiffe HELENE JACOB und WALTER JACOB.
Die HANSA BREMEN (s. Bild 2.2) und die HANSA VISBY (s. Bild 2.48) wurden 1989, die HANSA LÜBECK (s. Bild 3.2) 1990 und die HANSA STOCKHOLM 1991 abgeliefert und beim Cool-Carriers-Pool in der weltweiten Kühlschiffahrt eingesetzt [21]. Zwei weitere typgleiche Nachbauten, die CHIQUITA BREMEN und CHIQUITA ROSTOCK (s. Bild 2.19), lieferte die Schichau-Seebeck-Werft Bremerhaven 1992/93 ab. Sie wurden im maschinenbaulichen Bereich modifiziert und erhielten eine höhere Deckscontainer-Tragfähigkeit. Die wichtigsten Daten dieser Schiffe werden in der Tabelle 2.8 aufgeführt.

Bild 3.2: HANSA LÜBECK am HHLA-Fruchtterminal in Hamburg beim Löschen von Bananen (Foto K.-H. Hochhaus)

Die Schiffe erhielten vier Luken mit drei Zwischendecks, die alle vor dem Brückenhaus angeordnet sind. Die insgesamt 16 Laderäume wurden in acht Temperaturzonen aufgeteilt. Die Schiffe sind zum Containertransport vorbereitet, unter Deck können 84 TEU, an Deck 206 TEU, d. h. insgesamt können 290 TEU befördert werden. Es wurden 40 E-Anschlüsse für Kühlcontainer eingebaut, d. h. es ist eine Beförderung von 80 TEU-Kühlcontainern möglich. Für die Chiquita-Nachbauten wurden seitens der Reederei Great White Fleet 73 E-Anschlüsse gefordert.

Die Laderäume wurden für den Palettentransport (5.200 Paletten) eingerichtet, die Deckshöhe beträgt mindestens 2,2 m. Die Ladungsdecks sind mit 6-t-Gabelstaplern befahrbar, und die schrägen Seitenwände wurden zur Abstützung der Paletten mit klappbaren „sideshorings“ versehen. An der Bb-Seite sind vier Seitenpforten installiert, die hydraulisch betätigt werden. Für den Autotransport wurden Verzurreinrichtungen und Luftwechseleinrichtungen für einen 10fachen Frischluftaustausch vorgesehen, dabei wurden die Kransäulen als Zuluftkanäle verwendet. Die Lukenschächte wurden zur Vermeidung zusätzlicher Luftführungskanäle niedrig ausgeführt, alle Lukendeckel beinhalten an der Bb-Seite kleine Elevatoröffnungen und werden hydraulisch geöffnet.

Für den Ladungsumschlag wurden vier Kräne mit 18 t angeordnet, je zwei können kombiniert arbeiten (Gemini-Betrieb), haben dann eine Tragkraft von 35,4 t und sind damit für den Containerumschlag (max. 30,5 t) geeignet.

Es wurde das kanallose Luftumwälzsystem installiert mit dem horizontalen Lufteintritt unter den Grätingen, vertikaler Durchströmung der Ladung und horizontaler Rückströmung über der Ladung. Die Grätinge sind mit dem Deck verriegelt und bestehen aus 35 mm starkem Birkensperrholz. Die Grätingunterkonstruktion besteht aus Holz und Stahl, um die notwendigen Luftquerschnitte zu ermöglichen. Die Chiquita-Nachbauten erhielten Aluminium-Grätinge.

Die Isolierung wurde auf einen Wärmedurchgangskoeffizienten von 0,5 W/m^2 K ausgelegt und besteht auf den Tankdecken aus vorgefertigten Elementen (PU-Schaum, Blech, Sperrholz) und an den Außenhautflächen aus Mineralwolle (24 kg/m^3) mit einer Abdeckung aus 12 mm Birkensperrholz.

Die Ladungskühlanlage besteht aus den Verdampfern im Laderaum und aus den Verdichtern und seewassergekühlten Kondensatoren, die zentral im Maschinenraumbereich in einem separaten Kühlmaschinenraum auf der Bb-Seite des zweiten Decks aufgestellt wurden. Die Laderaumlüf-

Bild 3.3: Anordnung der Ladungskühlanlage auf den Hansa-Schiffen, bestehend aus drei Schrauben- und zwei Kolbenverdichtern mit 3.000 kW Kälteleistung (Foto K.-H. Hochhaus)

ter und Kühlwasserpumpen für die Ladekühlanlage wurden drehzahleinstellbar (Frequenzumrichter) ausgeführt, damit wird eine energiesparende anpassungsfähige Regelung gewährleistet. Die Ladungskühlanlagen der Chiquita-Nachbauten wurden indirekt ausgeführt, hier wurde ein Solesystem installiert.

Die Kälteanlage besteht aus drei Schrauben- (SAB 163) und zwei Kolbenverdichtern (SMC 108) (Bild 3.3). Die Schrauben- und Kolbenverdichter werden mit elektronischer Saugdruckregelung ausgeführt, die Lufteintrittstemperaturregelung erfolgt mit elektronischen Expansionsventilen.

Als Hauptmotor wurde ein B & W/MAN-2-Takt-Motor mit sieben Zylindern vom Typ L60MC mit einer Nennleistung von 11.220 kW bei 117 U/min gewählt. Zur elektrischen Energieerzeugung stehen drei Hilfsdiesel-Generatoraggregate zur Verfügung mit 2 x 1.370 kW und 1 x 960 kW bei 720 U/min. Außerdem ein Not-Hafen-Diesel mit 270 kW bei 1.800 U/min.

Die Chiquita-Neubauten wurden wegen der vergrößerten Kühlcontainersteckdosen-Anzahl mit drei gleichen Aggregaten (3 x 1.370 kW) ausgerüstet. Daraus wird ersichtlich, daß die Great-White-Fleet pro Kühlcontainer eine E-Anschlußleistung von 12 kW installiert hat.

3.3.7 **POLAR, ein Kühlschiffstyp für die Fischerei** [23, 24]

Von der VEB-Matthias-Thesen-Werft, Wismar, wurde der obige Kühlschiffstyp zum Fischtransport und zur Versorgung der Fischereifahrzeuge entwickelt und in mehrere damalige Ostblockländer geliefert. Der Prototyp KARL LIEBKNECHT wurde 1970 in die UdSSR (Sudoimport) geliefert. Die Daten sind der Tabelle 2.20 zu entnehmen.

Das Schiff hat vier Luken und zwei Zwischendecks. Da dieser Schiffstyp für die Ladungsübernahme und Versorgungsgüterübergabe auf See ausgelegt wurde, erfolgte eine umfangreiche Ausrüstung mit zwei Ladebäumen (5–10 t bei 18 m Ausladung) je Luke. Damit können auf See gefrosteter Fisch, gesalzener Hering in Fässern, Fisch in Konserven und Fischmehl in Säcken übernommen werden. Für den Sicherheitsabstand zwischen den Schiffen sorgen entsprechende auf dem Wasser schwimmende aufblasbare Gummifender.

Als Hauptantriebsmotor wurde ein Zweitakt-Motor (KAZ 60/105 E, VEB Maschinenbau, Halberstadt, MAN-Lizenz) mit 9.000 PS bei 165 U/min installiert, womit das Schiff 17,5 kn läuft. Zur Stromversorgung dienen vier

Hilfsdieselgeneratoraggregate mit 1.000 PS Motorleistung und 763 kVA Generatorleistung bei 427 U/min.
Die Ladungskühlanlage (VEB Kühlautomat, Berlin) wurde zentral angeordnet und arbeitet mit direkter Verdampfung (R22), jedem Laderaum ist ein Kältekreislauf zugeordnet. Die Kälteleistung der vier Schraubenverdichter beträgt 400.000 kcal/h (- 40° C Verdampfungstemperatur, 36° C Kondensationstemperatur), ein Schraubenverdichter ist als Reserve vorgesehen.
Die Luftkühler wurden in zwei Sektionen aufgeteilt, die Ventilatoren lassen sich mit Frequenzumrichtern in zwei Drehzahlen betreiben. Damit läßt sich die Luftkühlerleistung in sechs Stufen betreiben. Die Luftumwälzung erfolgt vertikal durch die Ladung mit max. 50fachem Luftwechsel pro Stunde.
Die Laderaumisolierung wurde mit Polystyrol ausgeführt, die Fußbodenisolierung erhielt zusätzlich eine Bitumenabdeckung, darauf 40 mm Kamilit und als Bodenbelag eine Stahlblechwanne aus 5 mm verzinktem Blech. Die Wände und Decken wurden mit Holz gewegert und mit Aluminiumblech verkleidet.
Dieser Schiffstyp wurde später weiterentwickelt und als Kristall-Typ bezeichnet, es wurden über 50 Kühlschiffe dieser beiden Typen gebaut. Zwei wurden von der DSR bereedert, die ehemalige REUTERSHAGEN (s. Tabelle 2.20) ist von der Schichau-Seebeck-Werft als HAMBURG TRADER zum universellen Kühlschiff umgebaut worden. Im Bild 2.49 liegt sie nach Abschluß der Umbauarbeiten in Bremerhaven.

3.4 Im Ausland gebaute Kühlschiffe deutscher Reeder

Der Schwerpunkt dieses Buches liegt bei den deutschen Kühlschiffen und deutschen Kühlschiffsreedereien, um eine abgeschlossene Thematik zu bearbeiten. Es läßt sich jedoch nicht vermeiden, auch ausländische Kühlschiffe zu berücksichtigen.
In der Anfangsphase wurden deutsche Kühlschiffe in England gebaut, in der Phase II wurde ein Teil der Tonnage aus zweiter Hand gekauft, überwiegend aus den USA, England und Norwegen. Dabei wurde auch ein Teil der beschlagnahmten Schiffe zurückgekauft (s. Kap. 2). In der Phase III wurden fast alle Kühlschiffe für die deutsche Handelsflotte in Deutschland auf 14 verschiedenen Werften gebaut. Außerdem wurden viele der in Deutschland gebauten Kühlschiffe exportiert, manchmal schon nach zwei oder drei Jahren gebraucht verkauft oder Ende der siebziger Jahre im großen Stil ausgeflaggt oder ins Ausland verkauft.
In der Phase IV zeigt ein Blick in die Schiffsliste von 1994, daß von den insgesamt neun Kühlschiffen unter deutscher Flagge die Mehrzahl in Deutschland gebaut wurde (vier Hansa-Schiffe, zwei Jacob-Schiffe). Weitere 37 Kühlschiffe, die von deutschen Firmen bereedert werden, tragen eine ausländische Flagge und wurden selten in Deutschland gebaut. Die wichtigsten Daten dieser Schiffe sind in den Tabellen 3.6 und 3.7 aufgeführt.

3.4.1 Snow-Klasse, Salen (jetzt Cool-Carriers), 1971/73 [25]

Es wurden 1972/73 insgesamt acht Kühlschiffe von der Werft La Ciotat/Frankreich an die schwedische Gruppe Salen abgeliefert. Diese Schiffe waren zu dieser Zeit die größten Kühlschiffe und wurden mit einem Querstrahl-Ruder und zwei Flume-Stabilisierungstanks ausgerüstet. Der Hauptmotor leistet 17.000 kW und wirkt auf einen Verstellpropeller. Diese Anordnung war zu dieser Zeit ebenso wie Container-Einrichtungen für 16 TEU bei Kühlschiffen unüblich.
Die Kälteanlage mit R22 als Kältemittel besteht aus drei Schraubenverdichtern mit einer Gesamtleistung von 1.650.000 kcal/h (1.920 kW) bei einer Verdampfungstemperatur von -15° C. Es wurde ein Solesystem für die 22 Kühlladeräume mit zehn Temperaturzonen installiert.
Das Kühlluftsystem wurde als kanalloses System mit vertikaler Durchströmung der Ladung ausgeführt.
Ein Teil der Schiffe, die SNOW FLOWER, SNOW DRIFT und SNOW CRYSTAL, wurden von der Frigomaris Kühlschiffs Reederei, Hamburg, unter Bahamas-Flagge mit Heimathafen Nassau betrieben. Sie wurden zum Palettentransport umgebaut und waren bis 1993 in Union-Charter beschäftigt, lagen Ende 1993 in Bremerhaven auf (Bild 3.4) und wurden unter gleichem Namen nach Dänemark verkauft.

3.4.2 Winter-Klasse, Salen (jetzt Cool-Carriers), 1979 [26]

Am 22. Februar 1979 wurde mit der WINTER WATER das erste Kühlschiff dieser Serie von sechs Kühlschiffen von den Götaverken an Salen übergeben. Die zweite Kühlschiffsgeneration, die von der Salen Shipping Company in Auftrag gegeben wurde, erweckte in Fachkreisen eine ebenso große Aufmerksamkeit wie zuvor die Snow-Klasse. Die Winter-Schiffe wurden unter dem Eindruck der Container-Revolution und einer schnellen Durchsetzung der Paletten entworfen. Unter dem Schlagwort „Schnelle Reisen werden im Hafen gemacht“ entstand eine Schiffsserie für einen schnellen Hafenumschlag mit hoher Paletten- und Containerkapazität. Für diesen Schiffstyp wurde ein spezieller Salen-Multipalettenlader mit acht bis zwölf Paletten pro Lastwechsel entwickelt.

Bild 3.4: Drei Schiffe der Snow-Klasse als Auflieger Ende 1993 in Bremerhaven, sie wurden von den Chiquita-Länder-Schiffen abgelöst (Foto K.-H. Hochhaus)

Bild 3.5: WINTER SUN im Frühjahr 1995 in Hamburg beim Löschen von Kernfrüchten (hiervon wurden insgesamt sechs Schiffe von den Götaverken gebaut) (Foto K.-H. Hochhaus)

Bild 3.6: Blick in die Ladeluke eines Winter-Schiffes, die wegen der großen Ladeluken als „offene" Schiffe bezeichnet werden (Foto K.-H. Hochhaus)

Das Brückenhaus ist hinten, zwischen der dritten und vierten Luke angeordnet (Bild 3.5). Es wurden insgesamt 17 Kühlladeräume mit acht Temperaturzonen vorgesehen. Die Laderäume 2 und 3 erhielten vier Zwischendecks und damit fünf Kühlladeräume. Laderaum 1 erhielt drei Zwischendecks mit vier Kühlladeräumen, und Laderaum 4 erhielt zwei Zwischendecks mit drei Kühlladeräumen. Die Wetterdeck- und Zwischendeckluken sind extrem groß, daher wurden diese Schiffe auch als „offene Schiffe" bezeichnet.

Die Wetterdeckluken mit übereinanderstapelbaren Lukendeckeln (Piggyback) erlauben einen Öffnungsgrad von 75 % in dem jeweiligen Bereich (Bild 3.6), zum Löschen von Bananen mit Elevatoren wurden kleinere Öffnungen auf der Stb-Seite (2,4 x 3 m) vorgesehen. Die Zwischendecksluken sind für eine Gabelstaplerachslast von 4,5 t (Luftbereifung) ausgelegt. Auf beiden Schiffsseiten wurden Seitenpforten zum Bananenladen installiert. Für den Ladungsumschlag wurde das Schiff mit vier elektrohydraulischen Kränen mit 16 t Tragkraft bei 26 m Ausladung ausgerüstet.

Die Ladungskühlanlage wurde mit drei liegenden Schraubenverdichtern der Fa. Stal (SVK 57 E, 980 kW, -15° C) mit einer Antriebsleistung von 350 kW ausgeführt, arbeitet mit dem Kältemittel R22 und einem Solesystem, welches aus drei Kreisläufen besteht. Die Kälteleistung beträgt 4.300 kW (1.280 kW) bei 30° C Kondensationstemperatur und 0° C (- 35° C) Verdampfungstemperatur. Das Bild 3.7 zeigt einen Schraubenverdichter auf der WINTER WAVE.

Das Kaltluftsystem wurde kanallos (ductless) mit 90fachem Luftwechsel pro Stunde ausgeführt und ermöglicht einen 2,4fachen Frischluftwechsel pro Stunde.

Zur Regelung der Schraubenverdichter sind drei Mikroprozessoren eingesetzt, die Daten der Kälteanlage werden auf zwei Druckern registriert, die Alarme auf einem separaten Drucker.

Die Isolierung besteht aus Mineralwolle und Polyurethanschaumstoff, die Verkleidung aus wasserfestem Sperrholz.

Als Hauptantriebsmotor wurde ein langsamlaufender Sechszylinder-2-Takt-Motor mit 13.700 kW bei 110

Bild 3.7: Blick auf einen der Schraubenverdichter der WINTER WAVE, die im Hauptmaschinenraum angeordnet sind (Foto K.-H. Hochhaus)

U/min eingebaut, der einen Verstellpropeller mit 6,5 m Durchmesser antreibt. Als Manöverhilfe wurde ein elektrisch angetriebenes Bugstrahlruder mit 740 kW bei 247 U/min installiert. Als Vertragsgeschwindigkeit wurden 21,9 kn bei einem Tiefgang von 7,5 m und einer Antriebsleistung von 13.700 kW angegeben.

3.4.3 **Horn-Klasse, ein Ro-Ro-Kühlschiffstyp, 1991/92**

Für die Horn-Linie, Hamburg, wurden 1991/92 drei Ro-Ro-Kühlschiffe (Bild 3.8) mit Einrichtungen zum Containertransport von der Uljanik-Werft in Pula abgeliefert. Die Schiffe wurden vom Bureau Veritas klassifiziert und für den Del-Monte-Bananendienst zwischen Costa Rica und Nordeuropa optimiert und eingesetzt. Sie ersetzten die 18–19 Jahre alten Horn-Schiffe mit je zwei 4-Takt-Hauptmotoren, die ebenfalls mit einer Heckrampe ausgerüstet waren (Bild 3.9).

Diese Schiffe führen die Liberia-Flagge, verkehren im Dienst Costa-Rica/Nordwesteuropa, sind mit deutschen Offizieren und burmesischen Mannschaftsdienstgraden besetzt und haben Einrichtungen für zwölf Passagiere.

Die wichtigsten Daten sind aus der Tabelle 3.5 zu entnehmen. Als Hauptantrieb wurde ein 2-Takt-Motor mit 10.400 kW installiert, der dem Schiff bei 0,85 MCR eine Geschwindigkeit von 20 kn verleiht.

Die Ladungskühlanlage arbeitet mit direkter Verdampfung (R22), die Schraubenverdichter und Kondensatoren wurden dezentral in den Deckshäusern installiert. Die Kühlwasserpumpen für die Ladungskühlanlage befinden sich im Maschinenraum. Das Schiff ist eingerichtet für 322 TEU und kann 400 Autos in den Laderäumen transportieren. Als Besonderheit für diesen Schiffstyp sind die 50 t tragende Heckrampe zu nennen und die um den Maschinenschacht angeordnete Garage mit zwei Hängedecks. Hier können bei Bedarf auch höhere Fahrzeuge oder Trailer transportiert werden. Damit werden auf der Rückreise Autos und andere Versorgungsgüter nach Martinique transportiert.

Bild 3.9: Die HORNGULF ebenfalls mit Ro-Ro-Heckklappe 1993 am „neuen" Bananenschuppen in Hamburg, sie wurde 1994 abgewrackt (Foto K.-H. Hochhaus)

3.5 **Kühlschiffe mit CA-Einrichtungen**

Etwa seit 1984 wurden Kühlschiffe auf kontrollierte Atmosphäre (CA) umgerüstet. Dabei wird der 1821 [30] beschriebene Effekt ausgenutzt, daß Früchte bei geringem Sauerstoffgehalt der Umgebungsatmosphäre langsamer reifen. Mit der Kühlung und der Sauerstoffreduzierung lassen sich die Früchte mit geringerem Qualitätsverlust transportieren und lagern.

Diese Technik wurde nach mir vorliegenden Informationen von der Fa. Isolcell (Italien) erstmalig auf Kühlschiffen einer italienischen Reederei für Kühltransporte von Früchten mit Erfolg angewendet, Daten oder weitergehende Informationen wurden nicht veröffentlicht.

Diese Technik wird auch von Chiquita und Noboa für einen Teil der Bananen-Kühlschiffe (z. B. Länderklasse, Bild 3.10, Islandklasse, Bild 3.11) erfolgreich angewendet. In den Bildern 3.12 und 3.13 sind die an Deck stehenden Container mit darin befindlichem Stickstofferzeuger zu sehen. Von Cool-Carriers wurde diese Technik gemeinsam mit einigen Reedereien und Verladern für Kern- und Steinfruchttransporte angewendet. Hierfür werden die aktiven Komponenten in kleinen kompakten Containern mit dem Flugzeug zum Ladehafen transportiert und auf dem Schiff angeschlossen. Nach der Ladereise erfolgen die Demontage an Bord und Rücktransport für einen neuen Einsatz.

3.5.1 **Crystal-Klasse, Laeisz-Ahlers, 1990/91** [22]

Von dem Konsortium F. Laeisz Schiffahrts GmbH, Cool-Carriers, Ahlers N. V. Antwerpen und Turbana/Uniban wurde 1990 eine Serie von sechs mittelgroßen Kühlschiffen [22] bei der belgischen Boel-Werft bestellt, die bis 1994 abgeliefert wurde (Bild 2.13). Die ersten beiden Schiffe (CRYSTAL PRINCE und CRYSTAL PRIDE) werden von Ahlers bereedert, sie wurden von Turbana gechartert und im Bananendienst Mittel/Südamerika nach Nordamerika und Europa eingesetzt. Die Bereederung der restlichen Schiffe liegt bei F. Laeisz, gechartert werden sie von Cool-Carriers.

Bild 3.8: HORNBAY, eines der drei Ro-Ro-Kühlschiffe der Horn-Linie, hier in Hamburg beim Löschen von Bananen am „alten“ Bananenschuppen (Foto K.-H. Hochhaus)

Bild 3.10: CHIQUITA SCHWEIZ, eines von sechs Schiffen des Chiquita-Länder-Typs beim Bananenlöschen in Bremerhaven. Die hohe Kühlcontainerkapazität an Deck und der CA-Betrieb sind die besonderen Merkmale dieser Serie (Foto K.-H. Hochhaus)

Bild 3.11: Die DUNCAN ISLAND (Noboa), zur Zeit eines der modernsten Kühlschiffe der Welt (Ammoniak-Kältemittel und CA-Betrieb), hier beim Auslaufen von Hamburg nach Ekuador (Foto K.-H. Hochhaus)

Bild 3.12: Ein 20-Fuß-Container mit der Einrichtung zur Stickstofferzeugung für den CA-Betrieb (Chiquita-Länder-Klasse) (Foto K.-H. Hochhaus)

Bild 3.13: Zwei 20-Fuß-Container zur Stickstofferzeugung für den CA-Betrieb an Deck eines Kühlschiffes der Island-Klasse (Foto K.-H. Hochhaus)

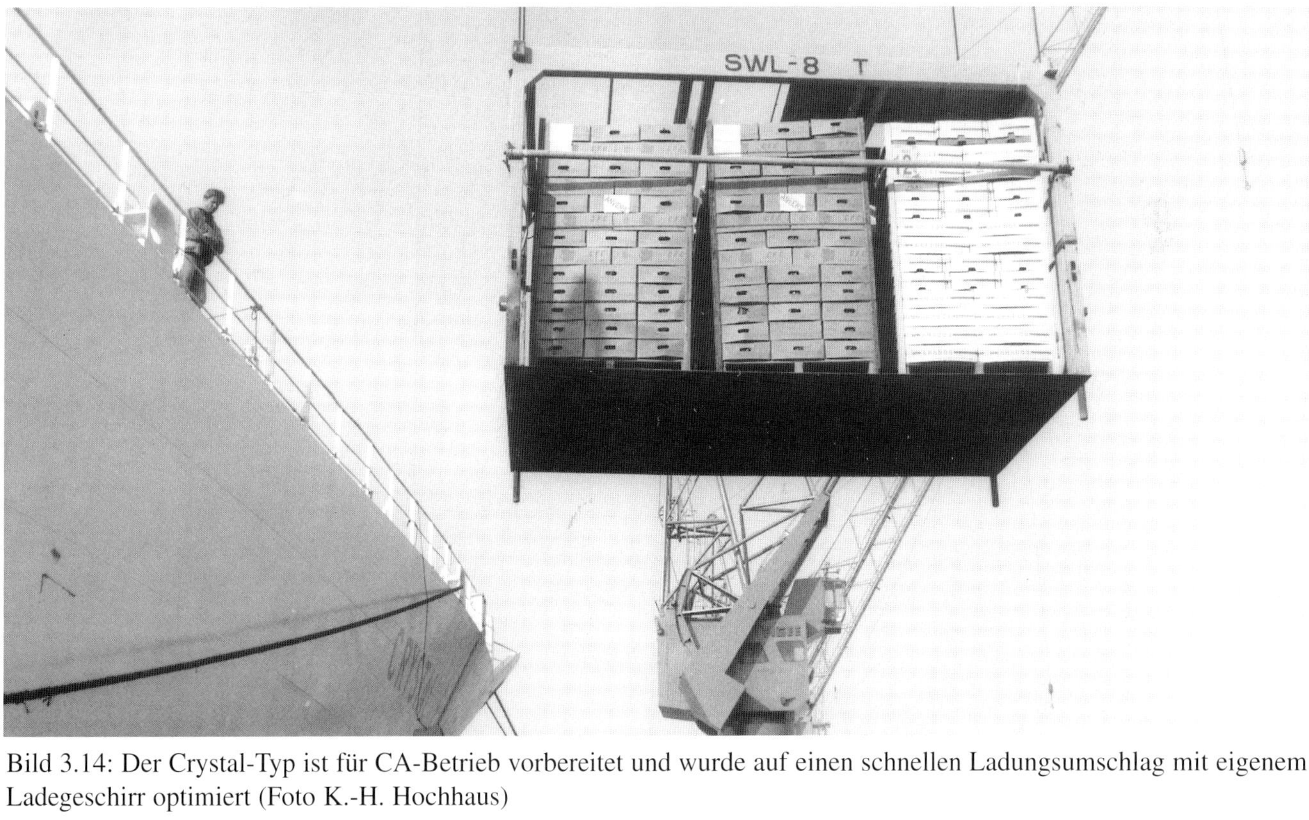

Bild 3.14: Der Crystal-Typ ist für CA-Betrieb vorbereitet und wurde auf einen schnellen Ladungsumschlag mit eigenem Ladegeschirr optimiert (Foto K.-H. Hochhaus)

Diese Kühlschiffsklasse mit 375.000 cuft wird in Fachkreisen ebenso wie die Snow-Klasse Anfang der siebziger oder auch die Winter-Klasse Anfang der achtziger Jahre als neue Generation bezeichnet, sowohl in konstruktiver als auch in betriebstechnischer Sicht. Besonders bemerkenswert sind die bordeigenen teilautomatisierten Umschlagseinrichtungen mit drei speziellen an der Stb-Seite angeordneten Paletten-Kränen (Pallet-Swinger), dem über den Luken angeordneten Wetterschutz, der Vorbereitung auf CA-Transport und der stahlsparenden Schiffskonstruktion. Mit drei bordeigenen Palettenbehältern können pro Lastspiel sechs Paletten umgeschlagen werden, und damit kann die gesamte Schiffsladung in acht bis zehn Stunden gelöscht werden.
Diese Kühlschiffsserie wurde mit drei Luken und drei Zwischendecks ausgerüstet, es stehen insgesamt zwölf Kühlladeräume mit sieben Temperaturzonen zur Verfügung.

Umschlag, Luken

Die Luken wurden wegen der angestrebten Gasdichtheit mit 7,4 x 4,2 m extrem klein ausgeführt, und Luke 2 und 3 wurden an der Stb-Seite angeordnet. Die Wetterdeckluken beinhalten neben der Isolierung einen neuartigen Wetterschutz, damit die Lade- und Löschvorgänge auch bei Regen und Schnee durchführbar sind. Die Palettenbehälter (4,2 x 2,1 x 2,4 m, L x B x H) sind ebenfalls weitgehend wettergeschützt, für Paletten- und Autoumschlag geeignet und nur an zwei Seiten offen. Um ein für den schnellen Ladungsumschlag störendes Schwingen zu vermeiden, hängt die Last an vier Seilen (Bild 3.14). Die Kräne (3 x 8 t/14 m Ausladung, 1 x 10 t/18 m Ausladung) können mit einer Kabelfernsteuerung halbautomatisch betrieben werden, nur das Anheben und Absetzen geschieht manuell, Heben, Schwenken und Senken erfolgen automatisch. Der hafenseitige Lukeneinweiser kann somit eingespart werden. Zusätzlich wurde etwa in Schiffsmitte ein größerer Kran mit einer Tragkraft von 34 t bei 24 m Ausladung installiert, der alle Containerstellplätze an Deck (68 TEU) erreichen kann. An der Bb-Seite wurden drei Seitenpforten (1,6 x 2,1 m) installiert.
Als Antriebsanlage wurden ein 2-Takt-Dieselmotor (8.100 kW bei 123 U/min) und ein Festpropeller installiert, damit erreichen die Schiffe eine Geschwindigkeit von 20 kn. Zur elektrischen Energieerzeugung wurden vier Hilfsdiesel-Generatoraggregate mit je 650 kW installiert.
Die direkt arbeitende Ladungskühlanlage mit dem Kältemittel R22 wurde von Stal geliefert, beinhaltet drei Schraubenverdichter (mit den seewassergekühlten Kondensatoren) im Maschinenraum und die Rippenrohrverdampfer in den Laderäumen. Die Auslegung erfolgte für eine 24 h-Runterkühlzeit bei Bananen und für den Transport von Tiefkühlladung bei - 30° C. Die über dem Verdampfer angeordneten Lüfter in Kombination mit Frequenzumrichtern ermöglichen einen 30- bis 90fachen Luftwechsel des kanallosen Kaltluftsystems (ductless).
Zur Vorbereitung auf CA-Transporte nach der Cool-Carriers-Philosophie wurden pro Temperaturzone eine zusätzliche Rohrleitung (Stickstoff) verlegt und zwei dünne Meßleitungen zur Probenentnahme. Die einzelnen Temperaturzonen wurden gegenüber der Umwelt und untereinander gasdicht ausgeführt, besondere Beachtung fanden dabei die Luken, andere Öffnungen und Schottdurchführungen.

3.5.2 **Chiquita-Länderklasse, Great White Fleet, 1991/92** [27]

Die CHIQUITA DEUTSCHLAND, ein 640.000-cuft-Kühlschiff, wurde im September 1991 als erstes einer Serie von sechs Schiffen von der Danyard-Werft, Fredrikshaven, an die Great White Fleet abgeliefert. Diese Schiffe wurden für den Paletten- und Containertransport optimiert und außerdem für den Betrieb unter „Kontrollierter Atmosphäre“ (CA) ausgerüstet (Bilder 3.10, 3.12).
Das Brückenhaus wurde ganz hinten angeordet, um einen Teil der Decksfläche über dem Maschinenraum für Deckscontainer zur Verfügung zu haben. Das Schiff hat vier Luken mit vier Zwischendecks außer Luke 1, hier sind zwei Zwischendecks vorhanden. Vor Luke 1 wurde ein breites Deckshaus angeordnet, welches die Deckscontainer vor Seeschlag schützen soll. Das Schiff wurde mit vier elektro-hydraulischen Kränen ausgerüstet. Zwei davon (zwischen Luke 1 und 2) haben eine Tragkraft von 20 t (20 m Auslegung), im gemeinsamen Betrieb (Gemini) erhöht sich die Tragkraft auf 40 t. Die anderen beiden Kräne zwischen Luke 3 und 4 und vor dem Brückenhaus sind für eine Tragkraft von 36 t (20 m Auslage) ausgerüstet.
Die Hauptmaschine, ein langsamlaufender 2-Takt-Dieselmotor mit acht Zylindern, wirkt mit der Nennleistung von 15.000 kW bei 102 U/min auf einen Festpropeller (6,75 m Durchmesser) und verleiht dem Schiff eine Geschwindigkeit von 21,5 kn (22 kn bei Bananentiefgang). Ein Bugstrahlruder mit einer Nennleistung von 1.000 kW erhöht die Manövrierfähigkeit.
Zur elektrischen Energieerzeugung wurden vier Dieselgeneratoraggregate vom gleichen Typ mit unterschiedlichen Zylinderzahlen installiert, zwei mit einer E-Leistung von 1.000 kW (fünf Zylinder) und zwei mit einer E-Leistung von 1.610 kW (acht Zylinder).
Die Ladungskühlanlage ist für Tiefkühl- (- 29° C) und Bananenladung (+ 13° C) ausgelegt, arbeitet mit dem Kältemittel R22 und einem Solezwischenkreis. Die insgesamt 18 Ladekühlräume sind in sieben Temperaturzonen aufgeteilt, die Lüfter ermöglichen einen 90fachen Luftwechsel.

Bild 3.15: Blick über das Deck eines Island-Schiffes mit Kühlcontainern zum Deckshaus. In Schiffsmitte zwei der drei Containerkräne (Foto K.-H. Hochhaus)

Die Luftumwälzung erfolgt durch ein kanalloses System, dabei wird die Ladung vertikal von unten nach oben durchströmt. Die Isolierung erfolgte mit Mineralwolle, die Verkleidung und die Grätinge bestehen aus Aluminium. Der k-Wert beträgt 0,52 W/m^2 K.

3.5.3 **Island-Klasse, Ecuadorian Lines, 1993/94** [28]

Eine Serie von fünf sehr großen (628.000 cuft/17.775 m^3) CA-Kühlschiffen (s. Bild 3.11) wurde 1993/94 von der dänischen Danyard-Werft für die Noboa-Gruppe gebaut.
Diese Schiffe erhielten Ammoniak-Kälteanlagen, Robson-Lüftungssysteme und wurden für den Transport unter kontrollierter Atmosphäre vorbereitet. Auch die Proviantkühl- und die Klimaanlage wurden mit Ammoniakkälteanlagen ausgerüstet. International werden diese Schiffe als „green reefer" bezeichnet [28].

Kälteanlagen

Die Kälteanlage einschließlich der Steuerung und Automation wurde weitgehend von Sabroe (DK) geliefert und im Werk (Aarhus) erprobt. Sie wurde nach den Vorschriften von Lloyd's Register für Tiefkühlladung bis - 29° C und für den Frucht- und Bananentransport ausgelegt. Sie besteht aus insgesamt sechs Schraubenverdichtern, die in zwei Modulen mit einem Verdichter und zwei Modulen mit je zwei Verdichtern (s. Bild 4.12) aufgeteilt wurden.
Jedes Modul enthält den kompletten Kältekreislauf mit Verdichter, Kondensator, Expansionsventil und Verdampfer. Diese Kälteeinrichtungen befinden sich gemeinsam mit den Proviant- und Klimakältemaschinen in einem vom Hauptdeck zugänglichen Kühlmaschinenraum. Dieser Raum ist außerdem mit dem Maschinenraum über eine Art Schleuse durch zwei Türen verbunden.
Zur Vermeidung von unzulässigen Ammoniak-Konzentrationen im Kühlmaschinenraum erfolgt eine Luftwäsche mit 20 ppm Ammoniak in der Rückluft. Ein Ammoniaksensor mißt ständig die Konzentration im Kühlmaschinenraum, bei 500 ppm wird Alarm ausgelöst.

Solesystem und Luftkühlsystem

Außerhalb des Kühlmaschinenraumes befindet sich der zur Kälteanlage gehörende Soleraum mit den Solepumpen, der Verteilung und den Regeleinrichtungen. Die Kühlwasserpumpen für die Kondensatoren wurden auf

Bild 3.16: Löschen mit bordeigenen Palettenkränen, hier ein Island-Schiff beim Löschen in Hamburg am neuen Fruchtzentrum (Foto K.-H. Hochhaus)

Bild 3.17: Blick über den Kai mit drei Palettenkränen im Einsatz, im Hintergrund die Elevatoren zum herkömmlichen Bananenumschlag in Hamburg (Foto K.-H. Hochhaus)

dem untersten Maschinenraumdeck installiert. Zur Automation und Überwachung der Ladungskühlanlage wurde neben dem Maschinenkontrollraum ein separater Raum vorgesehen.
Es sind insgesamt 15 Laderäume vorgesehen, die in acht Temperaturzonen unterteilt sind. Jeder Laderaum ist mit dem Robson-Kühlsystem bis 90fachen Luftwechsel pro Stunde ausgerüstet.
Das Robson-Kühlsystem arbeitet mit einer Luftführung von der einen Schiffsseite zur anderen. Dabei wird die Luft unter die Aluminium-Grätinge gedrückt und steigt durch die Ladung nach oben und wird hier abgesaugt. Diese Art der Luftführung wird von vielen Fachleuten als die beste bezeichnet, ist jedoch sehr aufwendig. Die Frischluftzufuhr erfolgt mit separaten Lüftern.
In den Bildern 4.16 und 4.17 lassen sich im Bauzustand der noch offene Luftkühlerraum und Stb-Luftkanal erkennen. Es sind drei Axial-Ventilatoren übereinander angeordnet, direkt rechts unter dem unteren Ventilator befindet sich die Entwässerung. Das untere horizontale Winkelprofil und das vertikale Winkelprofil in der Ventilatorwand deuten die spätere Trennwand zwischen dem Luftkanal und dem Laderaum an. Die Wärmedurchgangszahl der Laderäume beträgt $k = 0{,}45$ kcal/(m^2, K, h).

CA-Einrichtungen

Für den CA-Betrieb wurden diese Schiffe werftseitig mit den notwendigen Rohrleitungen zur Stickstoffversorgung (N_2) der Laderäume und zur Atmosphärenanalyse ausgerüstet. Die Anschlüsse befinden sich an der Steuerbordseite an dem hinteren Deckshaus in einer spritzwassergeschützten Box. Hier ist auch der Standort für die Container mit den aktiven CA-Komponenten, bestehend aus dem N_2-Separator und den Meß- und Regeleinrichtungen.
Mit dem Transport unter CA, für Bananen z. B. bei folgenden Bedingungen t = 13° C bis 15° C, O_2 = 2–3 % und CO_2 = 3–4 %, lassen sich die Früchte mit etwa 50 % der bisher benötigten E-Energie transportieren. Der Stoffwechsel und damit die Atmungswärme der Früchte sinkt etwa auf 20 % verglichen mit dem reinen Kühltransport. Die Früchte sind damit auch erheblich länger haltbar (Faktor 2–3). Weitere Vorteile und die notwendige Technik wurden in [29] beschrieben.
Diese Schiffe wurden auf einen schnellen Ladungsumschlag und hohe Containerkapazität optimiert. Es wurden drei Kräne für den Containerumschlag (Bild 3.15) und an der Stb-Seite vier Palettenkräne (Bilder 3.16, 3.17) installiert.

Name	Sarnia Sibiria	Emil L. Boas Karl Schurz	Pionier	Pungo
Reederei	Hamburg-Amerika-Linie	Hamburg-Amerika-Linie	Laeisz	Laeisz
Bauwerft	Blohm & Voss, Hbg.	Swan, Hunter & Wigham	Tecklenborg, Geestemünde	Tecklenborg, Geestemünde
Baujahr	1892/1903	1912	1914	1914
V_L [cuft]	120.000	187.000	130.000	156.000
[m³]	3.414	5.285	3.681	4.417
L [m]	109,0	130,0	124,5	124,5
B [m]	12,8	15,6	15,0	15,0
BRT	3.347	6.014	3.600	3.600
TDW	5.060	6.335	4.788	4.610
Leistung	1.700	5.400	3.200	3.200
[PS/kW]	1.250	3.970	2.350	2.350
Maschine*1	DEXP	DEXP	DEXP	DEXP
Kältemittel	CO_2	CO_2	CO_2	CO_2
v [kn]	11,5	16,0	14,0	14,0
Besatzung	53	104	40	40
Passagiere	64	70		
PS/cuft	0,014	0,029	0,024	0,020
kW/m³	0,366	0,751	0,638	0,532

*1 DEXP = Dreifach-Expansionsmaschine

Tabelle 3.1: **Technische Daten der deutschen Kühlschiffe vor dem 1. Weltkrieg**

Bild 3.18: KARL SCHURZ und EMIL L. BOAS, zwei baugleiche Kühlschiffe für den Atlasdienst (New York–Port Limon–Santa Marta-Route), eingerichtet für 70 Passagiere der 1. Klasse (Foto Hapag Lloyd AG)

Name	Panther Puma	Pelikan Pontos	Ulm	Brake ex Zent	Bremer-haven ex Reventazon	Blexen ex Chiriqui
Reederei	Laeisz	Laeisz	Norddt. Lloyd	Union	Union (Fyffes)	Union (UFCO)
Bauwerft	Bremer Vulkan	Bremer Vulkan	Danziger Werft	Cammell Laird & Co.	Workman, Clark & Co.	Newport News S. B
Baujahr	1930	1933	1938	1920	1921	1932/57
V_L [cuft]	100.000	134.000	145.000	185.000	185.000	280.000
[m^3]	2.830	3.790	4.000	5.230	5.230	7.905
L [m]	97,2	115,0	102,5	122	123,3	136,2
B [m]	13,8	13,7	13,9	15,6	15,6	18,4
BRT	1.998	3.265	3.070	5.350	5.355	6.690
TDW	2.500	2.795	2.960	6.340	6.210	4.620
Leistung	1.950	3.050	3.950	4.000	4.000	11.400
[PS/kW]	1.430	2.240	2.900	2.940	2.940	8380
Maschine*1	DEXP	D-2T	D-2T	DEXP	DEXP	DTE
v [kn]	13	15	16	13	13	19
Besatzung	36	35	38	60	60	48
Passagiere	4	12	10	12	12	150/12*3
Kältemittel	CO_2	CO_2	CO_2	CO_2	CO_2	CO_2
Verdichter	2	4				
Hersteller	Hall	Atlas	*2	Hall		York
Kühlräume	6	8		14		

*1 DEXP = Dreifach-Expansionsmaschine; DTE = Dampfturboelektrisch; D-2T = 2-Takt-Dieselmotor

*2 Hersteller der Ladungskühlanlagen ist Fa. Niemeyer, Hamburg

*3 Nach Umbau 1957 Platz für 12 Passagiere

Tabelle 3.2: **Technische Daten einiger deutscher Kühlschiffe zwischen den Weltkriegen**

Name	Quadriga	Perseus Proteus	Okertal Bodetal	Puna	Blumen-thal*3	Polar Honduras
Reederei	Bruns	Laeisz	Reinecke	Laeisz	Union	HSDG
Bauwerft	Götaverken, Göteborg	Deutsche Werft	Hanseat. Werft, Hbg.	Deutsche Werft	HDW, Hamburg	Flender Werft, Lübeck
Baujahr	1936/50	1951	1959	1964	1974	1979
V_L [cuft]	227.000	220.000	192.000	295.000	492.000	482.000
m^3	6.418	6.163	5.445	8.378	13.928	13.660
L [m]	115,2	126,2	108,0	141,8	146,0	154,6
B [m]	15,3	15,2	14,4	18,0	21,5	21,5
BRT	3.385	2.860	2.121	5.435	8.730	9.995
TDW	4.200	3.500	2.450	5.675	12.100	10.875
Leistung	5.200	4.095	6.000	9.600	23.400	16.180
[PS/kW]	3.820	3.010	4.410	7.050	17.200	13.360
Maschine*1	2 T	2 T	2 x 4 T	2 T	2 x 4 T*3	2 T
v [kn]	15,0	16,5	18,0	20,0	24,0	22,0
Besatzung	42	40	37	45	28	29
Passagiere		12	10	12		
Kältemittel	CO_2	NH_3	R12	R22	R22	R22
Verdichter		3	4	5	3	24
Hersteller	Sabroe	Astra*2	BBC	BE*2	Stal	Linde
Kühlräume		12	16	14	15	16

*1 2 T = langsamlaufender Zweitaktmotor, 4 T = mittelschnellaufender Viertaktmotor

*2 Bergedorfer Eisenwerke

*3 Wellengenerator

Tabelle 3.3: **Technische Daten einiger deutscher Kühlschiffe von 1950–1980**

Bild 3.19: QUARTOLE: Bau Nr. 428 der Flender Werft für W. Bruns & Co., sie gehört mit zu den ersten Kühlschiffsneubauten nach dem 2. Weltkrieg (Foto Flender Werft)

Bedeutung	Polarlicht	Polarstern
Hersteller	Linde	Hall, Dartford
Auslegungstemperatur	+ 45° C	+ 38° C
Seewassertemperatur	+ 33° C	+ 38° C
Ladungstemperaturen	+ 12° bis - 20° C	+ 12° bis - 20° C
k-Wert	0,52 W/m² K	0,52 W/m² K
Kältemittel	R12	R22
Anzahl Verdichter	46 (Kolb.)	16 (Kolb.)
Nennleistung der Verdichter	28.500 kcal/h	114.700 kcal/h
Gesamtauslegungsleistung	1.311.000 kcal/h	1.835.000 kcal/h
Verdampf-/Konden.-temp.	+ 7 bis 40° C	+ 1,5 bis 40° C
Nenndrehzahl	1.800 U/min	1.000 - 1.500 U/min verstellb.
Anschlußleistung	9 kW	
14 Ladekühlräume	8 Temperaturzonen	8 Temperaturzonen
pro Kühlanlage	8 Anlagen mit 4 - 7 Verdichtern (4 Zyl.) pro Anlage	7 Anlagen mit 2 x 6 Zylindern, 1 Anlage mit 2 x 4 Zylindern
Kondensator	2 Röhrenkondens.	2 Röhrenkondens.
Luftumwälzung	80/50/25fach	80/60/40fach
Lüfter	26 Radial	Radial
Druckdiff./Volumenstrom	45 mm WS/26.000 m³/h	
Regelung d. Umwälzung	polumschaltbar/ Drosseln	Abschaltung einzelner Lüfter
Luftsystem	vertikal Robson	vertikal Robson
Frischluft	1,25fach	2fach (max. 10fach)
Ozonanlage		4 g/h
Grätinge	Aluminium	Warkaus, Platte 21 mm, Stege 70 mm
Baugröße der Bins	3.000 cuft	
Material	Holz	
Isolierung, Decken, Wände	Glasfaser	Glasfaser
Dichte	20 kg/m³	20 kg/m³
Wärmeleitzahl	0,036 W/m² K	0,036 W/m² K
Boden	Kork	Styropor und Kork
Verkleidung, Wände	Warkaus	Warkaus
Verkleidung, Decken	verz. Blech	verz. Blech 1 mm

Tabelle 3.4: **Technische Daten zu den Ladungskühlanlagen der Polarlicht und Polarstern**

Name	Helene Jacob Walter Jacob	Hansa- Klasse*1	Horn- Klasse*2	Crystal- Klasse*3	Cape- Klasse*4
Reederei	E. Jacob	Leonhardt & Blumberg	Horn- Linie	Laeisz/ Ahlers	Hanse-Be- reederung
Bauwerft	Flender W., Lübeck	Bremer Vulkan	Uljanik, Jugoslaw.	Boel-W., Temse (B)	Shanghai Shipyard
Baujahr	1983–1984	1989–1991	1990–1991	1990–1991	1990–1991
V_L [cuft]	478.000	564.000	525.000	375.000	300.000
[m³]	13.527	15.980	14.890	10.620	8.500
L [m]	146,1	156,5	153,5	131,2	120,5
B [m]	21,5	23,0	23,0	19,6	18,5
BRT/BRZ	9.417	10.842	12.890	7.745	6.420
TDW	11.806	12.350	9.160	7.720	6.807
Leistung	15.100	15.260	14.200	11.020	9.050
[PS/kW]	11.100	11.220	10.400	8.100	6.650
Maschine	2 T DM	2 T DM	2 T DM	2 T DM	2 T DM
v [kn]	21,0	21,0	20,0	19,6	18,5
Hilfsdiesel [kW]	3 x 810	2 x 1.470 1 x 1.050	3 x 1.250	4 x 650	3 x 637
WG [kW]	1.300		1.100		
Kältemittel	R22	R22	R22	R22	R22
Verdichter	3	5	8	3	
Hersteller	Stal	Sabroe	York/Frick	Stal	Sabroe
Kühlräume	16/8	16/8	14/7	12/7	15/8
Cont.-Kap. [TEU]	111	290	322	85	228
an Deck		206		85	
Bemerkung			Ro-Ro-Schiff m. Heckklap.	für CA vorbereitet	

*1 Siehe Tabelle 2.21

*2 Siehe Tabelle 2.11

*3 Siehe Tabelle 2.6

*4 Siehe Tabelle 2.21

Tabelle 3.5: **Technische Daten der deutschen Kühlschiffe von 1984–1994**

Name/ Klasse (Anzahl)	Baujahre	Bauwerft Land	Raumin- halt cuft [m^3]	Vermes- sung BRT/BRZ [TDW]	L B [m]	P [kW] v [kn]	Contai- ner [TEU]	Reederei/ Heimat- hafen
Azteca (4)[*1]	1979	NNNS[*2] Gron., NL	181.000 5.124	2.989 3.535	101,9 14,5	2.207 14,0	-	Thien & Heyenga Willemstad
Bagno Cata- rama (2)[*3]	1973 1974	Smith's GB[*4]	352.300 9.976	6.653 9.076	140,7 18,1	10.923 19,0	-	Ganymed Ship. Panama
Bagno Esme- raldas (2)[*5]	1975	Framnaes N[*6]	361.610 10.194	6.640 9.147	140,7 18,0	9.709 22,8	-	Ganymed Ship. Panama
Blue-Class (4)[*7]	1990 1991	Shanghai RC[*8]	298.000 8.498	6.419 6.050	120,6 18,5	6.656 18,4	228	Ahrenkiel Yangon
Cape-Class (3)[*9]	1990 1991	Shanhai RC[*8]	298.000 8.498	6.419 6.050	120,6 18,4	6.656 18,4	72	Hanse Bereede- rung
Chiquita Rostock	1983	Schichau- Seeb./G	589.615 15.206	10.642 12.850	156,6 23,5	10.353 21,5	290	Union[*10] Nassau
Citrus do Brasil[*11]	1970	Bergens MV/N[*12]	[*17]	7.992 9.881	147,9 20,0	8.459 19,0	-	Maritime Serv. Monrovia
Clementina	1971	Bergens MV/N[*12]	 11.774	8.068 9.725	147,9 20,0	8.579 19,5	24	Frigomaris Yangon
Crystal- Class (4 + 2)	1992 1994	Boel-Werft Belgien	375.400 10.619	7.743 7.721	131,2 19,6	8.100 19,6	84	Laeisz Luxemburg
Hansa-Class (4)[*13]	1989 1991	Bremer Vulkan	589.615 15.980	10.842 19.461	156,5 23,0	11.220 21,0	290	Leonhardt & Blum. Bremen
Helene Ja- cob (2)[*14]	1984	Flender W., Lübeck	477.800 13.527	9.417 11.756	146,1 21,5	11.100 21,0	208	Ernst Jacob Flensburg

Tabelle 3.6: **Technische Daten der Kühlschiffe, die 1994 von deutschen Gesellschaften bereedert wurden**

Name/ Klasse (Anzahl)	Baujahre	Bauwerft Land	Rauminhalt cuft [m³]	Vermessung BRT/BRZ [TDW]	L B [m]	P [kW] v [kn]	Container [TEU]	Reederei/ Heimathafen
Horn-Class	1990	Uljanik	525.600	12.877	154,2	10.400	322	Horn-Reed.
(3)*15	1992	Jugos.*16	14.880	9.160	23,0	20,0		Monrovia
Morillo	1971	Bergens	479.150	9.527	155,8	12.798	42	Frigomaris
		MV/N*12	13.568	10.800	21,3	22,0		Manila
Ouro du	1993	Kleven	*17	15.207	172,0	10.800	480	Maritime Serv.
Brasil		N		19.700	26,0	19,0		Manila
Pecan	1971	Nylands	415.810	8.068	147,9	8.579	-	Frigomaris
		Verk., N	11.774	9.874	20,0	19,5		Manila
RP Cayman	1971	Nylands	463.520	9.593	155,8	12.798	-	Frigomaris
ex Cayman	1988	Verk., N	13.568	10.800	21,3	22,0		Manila
Snow-Class	1972	Ciotat	631.775	10.703	173,3	17.065	16	Frigomaris
(3)*18		F*19	17.319	15.710	24,7	22,0		Nassau
Sol do Brasil	1970	Bergens	*17	8.067	148,0	7.728	-	Maritime Serv.
ex Ariane (85)	1985	MV/N*12		10.712	20,0	19,0		Monrovia
Spring Bee	1984	Koyo*20	460.895	12.113	150,7	8.530	287	Ahrenkiel
		Japan	13.051	10.113	240,0	17,7		Yangon
Spring	1984	Korea SB	453.085	12.783	152,3	8.532	290	Jacob
Delight		Korea*21	12.830	9.891	24,1	18,0		Hongkong

Tabelle 3.7: **Fortsetzung der Tabelle 3.6**

*1 Azteca ex Calafia (92), Dakota ex Jan Mayen (92) ex Jan Willem (90), Inca, Lima ex Mathilda
*2 Niewe Noord Nederlandsche Scheepswerven BV, Groningen NL
*3 ex Ernst Moritz Arndt (90), ex King Edward (77) ex Bristol Clipper (76), Billefrost ex Bangno Quevedo (92) ex Gerhart Hauptmann (90), ex King Egbert (78) ex Liverpool Clipper (76)
*4 Smith's Dock Co. Ltd., Middlesborough/Großbritannien
*5 ex Theodor Körner (90), Bagno el Triunfo, ex Heinrich Heine (90)
*6 Framnaes Mekaniske Verksted A/S, Sandefjord, Norwegen
*7 Blue Cloud (Yangon), Blue Crest (Limassol), Blue Ice (Yangon), Blue Sky (Yangon)
*8 Shanghai Shipyard, Shanghai/Republik China
*9 Cape Cavo (Wismar), Cape Cod (Hamburg), Cape Vincente (Limassol)
*10 Union Kühlschiffahrt, Bremerhaven
*11 ex Ouro du Brasil (92) ex Pasadena (84)
*12 Bergen Mekaniske Verksteder A/S, Bergen, Norwegen
*13 Hansa Bremen, Hansa Lübeck, Hansa Stockholm, Hansa Visby
*14 ex Saxon Star (94), ex Helene Jacob (93), ex Blumenthal (88), ex Helene Jacob, Walter Jacob ex Cap Palmas (94) ex Walter Jacob (93) ex Bremerhaven (88) exWalter Jacob (84)
*15 Hornbay, Horncap, Horncliff
*16 Brodogradfiliste i Tvornoca Dizel Motora Uljanik, Pula, Jugoslawien
*17 Kühlschiff mit Ladetanks zum Fruchtsaftkonzentrattransport
*18 Snow Crystal, Snow Drift ex Greenfield (89), Snow Flower ex Malayan Empress (85)
*19 Ch. Nav. de la Ciotat, La Ciotat/Frankreich (insgesamt wurden acht Schiffe gebaut)
*20 Koyo Dockyard Co. Ltd., Hiroshima
*21 Korea Shipbuilding Industrie Co., Busan, Korea

(Angabe der Rauminhalte aus [14] und Kühlschiffslisten, daher kleine Abweichungen möglich)
Schiffe vom gleichen Typ wurden unterstrichen

4. **Ladungskühlanlagen**

Die Ladungskühlanlagen (s. Bild 4.1) unterliegen den Vorschriften der Klassifikationseinrichtungen, sie bestehen aus dem

- Kältesystem zur Kälteerzeugung
- dem Solesystem zur Kälteübertragung vom Kältesystem
- Luftsystem zur Wärmeabfuhr aus dem Laderaum
- Kühlwassersystem zur Wärmeabfuhr im Kondensator

4.1 **Kältesystem**

Das Herz der Ladungskühlanlage ist das Kältesystem, das

- zentral in der Regel im Maschinenraum oder
- dezentral in den Deckshäusern/Seitengängen in der Nähe der Luftkühler installiert wird.

Dabei werden zentrale Kältesysteme überwiegend kompakt mit drei bis sechs Verdichtern (Bilder 3.3 und 4.2) ausgeführt, um die Kältemittelmenge gering zu halten und Leckagen auf ein Minimum zu reduzieren. Der Verdampfer wird dann ebenfalls zentral angeordnet, und die Verdampfungswärme wird vom zwischengeschalteten Sole-Kreislauf aus den Laderäumen transportiert. Zentrale Kältesysteme mit Verdampfern in den Laderäumen wurden selten gebaut.

Dezentrale Kältesysteme werden auf Kühlschiffen häufig in den Deckshäusern (Bilder 4.3, 4.4 und 4.5) installiert, ebenfalls um das Kältemittelinventar und die Leckagen gering zu halten. Die Verdampfer werden heute direkt im Laderaumbereich installiert. In den Polar-Schiffen der HSDG z. B. wurden die Verdampfer und Ventilatoren aus Platzgründen in den Deckshäusern installiert. Der Laderaumplatz unter Deck war wertvoller als der Platz an Deck. Durch die heute an Deck transportierbaren Container ist das verändert worden.

Solesysteme wurden dann in der Regel nicht installiert. Diese Systeme wurden zur Wirkungsgradoptimierung für den überwiegenden Teillastbetrieb häufig auf mehrere kleine Verdichter aufgeteilt. Durch die in großen Bereichen stufenlos regelbaren Schraubenverdichter wurde diese Philosophie später geändert.

Die Kondensatoren werden bisher fast ausschließlich als Röhrenwärmetauscher (Bild 4.6) ausgeführt, die mit Seewasser aus einem eigenen Kühlwassersystem gekühlt werden. Die Seekühlwasserpumpen sind fast immer einstufige Kreiselpumpen (Bild 4.7), da der Gegendruck etwa im Bereich von 1 bis 6 bar liegt. Wird ein Solesystem zwischengeschaltet, werden die Verdampfer ebenfalls als Röhrenwärmetauscher ausgeführt, bei direkter Verdampfung im Kühlraum dagegen als Rippenrohrwärmetauscher (Bild 4.8). Zur Expansion der Kältemittel wurden bis vor

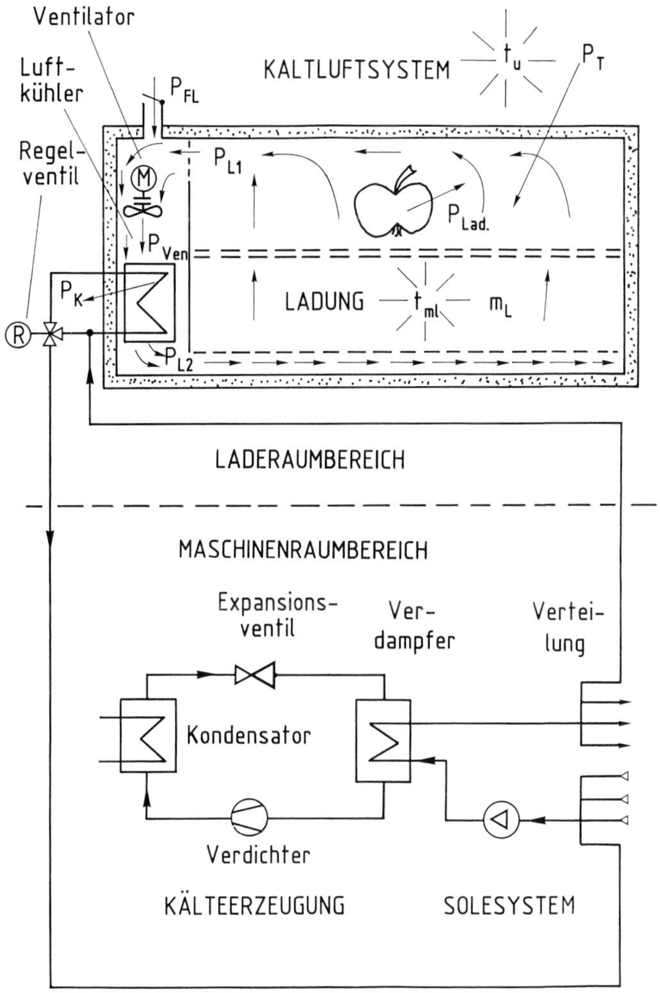

Bild 4.1: Schematische Darstellung einer Ladungskühlanlage mit Solesystem

10 bis 15 Jahren fast ausschließlich thermische Expansionsventile (Bild 4.9) benutzt, seitdem erfolgt ein stetiger Übergang zu elektronisch geregelten Expansionsventilen (Bild 4.10), da hiermit auch der kritische untere Teillastbereich sicher beherrscht wird und die Überhitzung des Kältemittels geringer gehalten werden kann.

Als Verdichter werden heute überwiegend regelbare Schraubenverdichter verwendet (Bilder 4.2 und 4.3), die einen Regelbereich von etwa 20–100 % der Kältenennleistung zulassen. Die Wärmeabfuhr erfolgt mit Schmieröl, welches auch die Abdichtung verbessert. Kolbenverdichter mit Zylinderabschaltung (Bild 4.11) zur Leistungsregelung werden nur noch bei kleineren dezentralen Kälteanlagen verwendet. Zum Antrieb werden teilweise polumschaltbare Asynchronmotoren für beide Verdichtertypen verwendet, um den Leistungsregelungsbereich zu erweitern. Drehzahlverstellbare Antriebsmotoren erhalten zunehmende Bedeutung, da die Verdichter auf Kühlschiffen

Bild 4.2: Zentral angeordnete Kältemaschinen im Maschinenraum (Foto K.-H. Hochhaus)

Bild 4.3: Zentral angeordnete Kältemaschinen im Deckshaus (Foto K.-H. Hochhaus)

Bild 4.4: Dezentral angeordnete Kältemaschinen im Seitengang neben dem Laderaum eines Kühlcontainerschiffes (Foto K.-H. Hochhaus)

Bild 4.5: Dezentral angeordnete Kältemaschinen im Deckshaus (Foto K.-H. Hochhaus)

Bild 4.6: Blick auf die Kältemittel-Kondensatoren auf der CAP SAN DIEGO (Foto K.-H. Hochhaus)

Bild 4.7: Aufgeschnittene einstufige Kreiselpumpe auf der CAP SAN DIEGO (Foto K.-H. Hochhaus)

nur kurze Nennlastzeiten haben und die spezifischen Kosten für Frequenzumrichter sinken.

4.2 **Solesystem**

Als zwischengeschaltete Kälteträger haben sich an Bord von Schiffen Salzsolen auf der Basis von $CaCl_2$, $MgCl_2$ oder NaCl mit Zusatz von Korrosionsschutzmitteln (z. B. Natrium- oder Kaliumbromat) bewährt. Dabei werden häufig zwei bis vier Solesysteme mit verschiedenen Temperaturen installiert, wodurch die Systeme platz- und gewichtsaufwendig werden. Moderne Kühlschiffe für den universellen Einsatz (Bananen + 13° C, Fisch - 28° C) können verschiedene Temperaturen gleichzeitig fahren. Diese Solesysteme benötigen viel Platz und sind bezüglich der Installation aufwendig (Bild 4.12).
Der Einsatz von Ammoniak bedingt (Bild 4.1, 4.12) indirekte Systeme (Sole), um das Kältemittelinventar so gering wie möglich zu halten. Viele der jüngsten Neubauten mit dem FCKW-haltigen Übergangskältemittel R22 haben ebenfalls Solesysteme erhalten.

Bild 4.8: Luftkühlerraum mit Verdampfer, Lüfter und Frischluftrohr (Foto K.-H. Hochhaus)

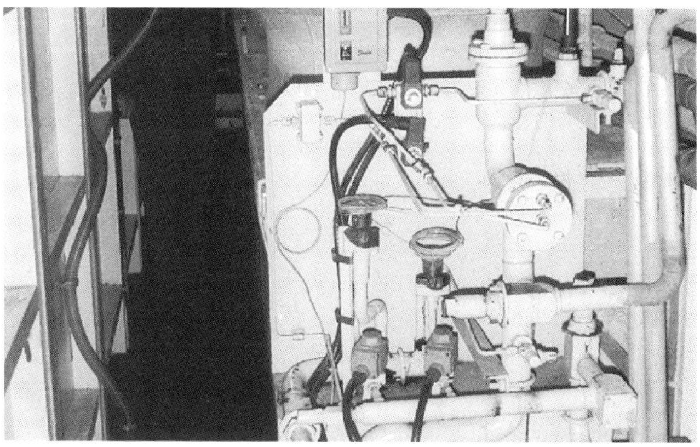

Bild 4.9: Blick auf die Armaturenseite eines Verdampfers im Luftkühlerraum (Foto K.-H. Hochhaus)

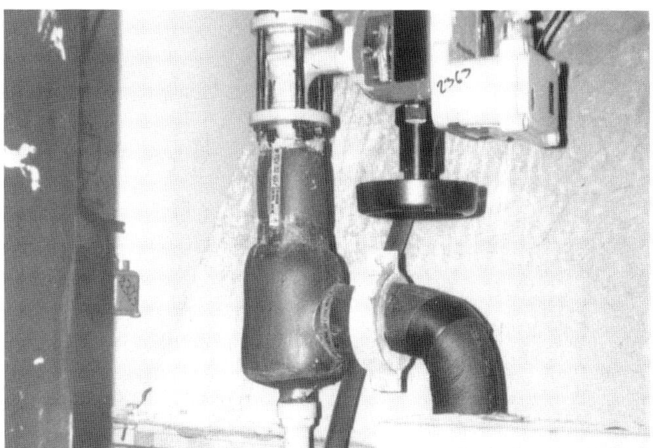

Bild 4.10: Elektronisches Expansionsventil am Verdampfer im Luftkühlerraum (Foto K.-H. Hochhaus)

Bild 4.11: Kolbenverdichter mit neun Zylindern auf der CAP SAN DIEGO (Foto K.-H. Hochhaus)

Bild 4.12: Ammoniakverdichter auf der BARRINGTON ISLAND (Foto K.-H. Hochhaus)

4.3 **Luftsystem**

Beim Luftsystem sind zwei Prinzipien grundsätzlich zu unterscheiden:

- natürliche Luftführung (stille Kühlung)
- erzwungene Luftführung (Ventilations-Kühlung)

4.3.1 **Stille Kühlung**

Die stille Kühlung wurde in der Anfangsphase des Kältetransportes auf Schiffen angewendet (s. Kapitel 1) und bei Tiefkühlladung für Fisch und Fleisch teilweise beibehalten. Beim Fruchttransport über größere Entfernungen erwies sich dieses Prinzip als ungeeignet.
Die Luftbewegung ergibt sich durch die unterschiedliche Dichte der Luft, welche wiederum von der Temperatur abhängt. Bei der Installation von Decken-Kühlrohren ergibt sich eine vertikale Luftbewegung von oben nach unten. An den wärmeren Begrenzungswänden steigt die Luft wieder hoch und schließt die Zirkulation. Bei seitlichen Kühlrohren ergibt sich ein Auftrieb im mittleren Kühlraumbereich.

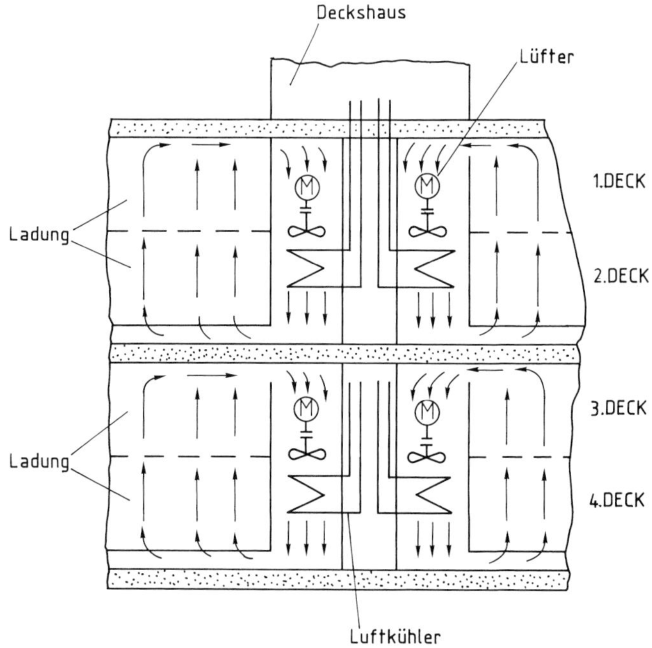

Bild 4.13: Kanalloses (ductless) Luftumwälzsystem für je zwei Decks (Foto K.-H. Hochhaus)

4.3.2 **Ventilationskühlung**

Auch in der Anfangsphase der Kühlschiffahrt wurde die Ventilationskühlung angewendet, allerdings, um die Wärme aus der Ladung zum Eisspeicher zu transportieren. Diese Aufgabe wurde auch durch Solesysteme erfüllt. Mit den auf Schiffen installierten Kältemaschinen fielen die Eisspeicher weg, und die Ventilationskühlung wurde ab 1900 zwingend notwendig, als Früchte, überwiegend Bananen, mit dem Schiff über größere Entfernungen im belüfteten oder gekühlten Laderaum transportiert wurden.
Die Luftumwälzsysteme lassen sich grob unterteilen in Systeme

- mit Kanälen (ducted-system)
- ohne Kanäle (ductless-system).

Die Art der Ladungsdurchströmung ist ein weiteres charakteristisches Unterscheidungsmerkmal, üblich sind

- vertikale Durchströmung der Ladung
- horizontale Durchströmung der Ladung.

Die vertikale Durchströmung ergibt eine sehr gleichmäßige Temperaturverteilung. Daher werden die Kühlschiffe für den Transport von Plus- und Minusladung überwiegend mit der vertikalen Strömung gebaut. Die Wahl der Strömungsrichtung, ob von oben nach unten oder umgekehrt, hängt von vielen Gesichtspunkten ab. Durchgesetzt hat sich die vertikale Durchströmung von unten nach oben.
Im Bild 4.13 ist das heute übliche „kanallose" System

Bild 4.14: Grätinge aus Aluminium (Reserve), deutlich sichtbar die Luftaustrittslöcher (Foto K.-H. Hochhaus)

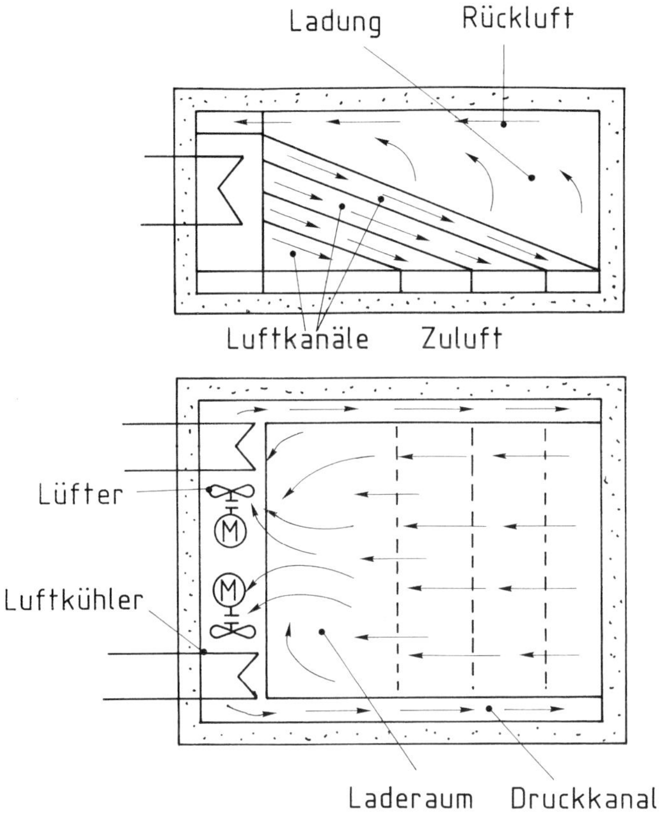

Bild 4.15: Schematische Darstellung eines Umluftsystemes mit drei seitlichen Druckluftkanälen (Robson-System)

(ductless) schematisch dargestellt, dabei wird die Zuluft unter den Grätingen (Bild 4.14) vom Luftkühlerraum an der einen Stirnwand des Laderaumes horizontal zur gegenüberliegenden Stirnwand geleitet und über der Ladung horizontal zurück. Dabei strömt die Luft durch Löcher oder Schlitze in den Grätingen vertikal durch die Ladung nach oben. Eine gute Kombination zeigt die Prinzipskizze 4.15. Hier erfolgt die Luftzuführung horizontal in drei seitlichen Kanälen für die einzelnen Laderaumbereiche, strömt hier unter den Grätingen quer zur Schiffslängsachse und dann ebenfalls von unten vertikal durch die Ladung (Bilder 4.16 und 4.17) nach oben und wird über der Ladung horizontal wieder abgesaugt.

Eine andere vertikale Durchströmung von oben nach unten zeigt das Bild 4.18. Hier strömt die Zuluft durch obere Druckkanäle horizontal und durch Öffnungen vertikal nach unten in die Laderäume, dabei durch die Ladung, und wird unten an den seitlichen Laderaumwänden abgesaugt. Hier steigt die Luft durch seitliche Kanäle nach oben in den Saugkanal, der die erwärmte Luft zurück zum Luftkühler führt.

Im Bild 4.19 wird die horizontale seitliche Luftführung mit einem Druckkanal an der einen und dem Saugkanal an der anderen Schiffsseite schematisch dargestellt. Eine Verbesserung dieser Luftführung wurde notwendig, als die Schiffe größer und vor allem breiter wurden. Im Bild 4.20 wird eine Mischung aus der horizontalen Durchströmung

Bild 4.16: Robson-System, Blick auf die offenen Kanäle mit den drei Lüftern (BARRINGTON ISLAND) (Foto K.-H. Hochhaus)

Bild 4.17: Blick auf den offenen Luftkühlerraum und die drei Lüfter (BARRINGTON ISLAND) (Foto K.-H. Hochhaus)

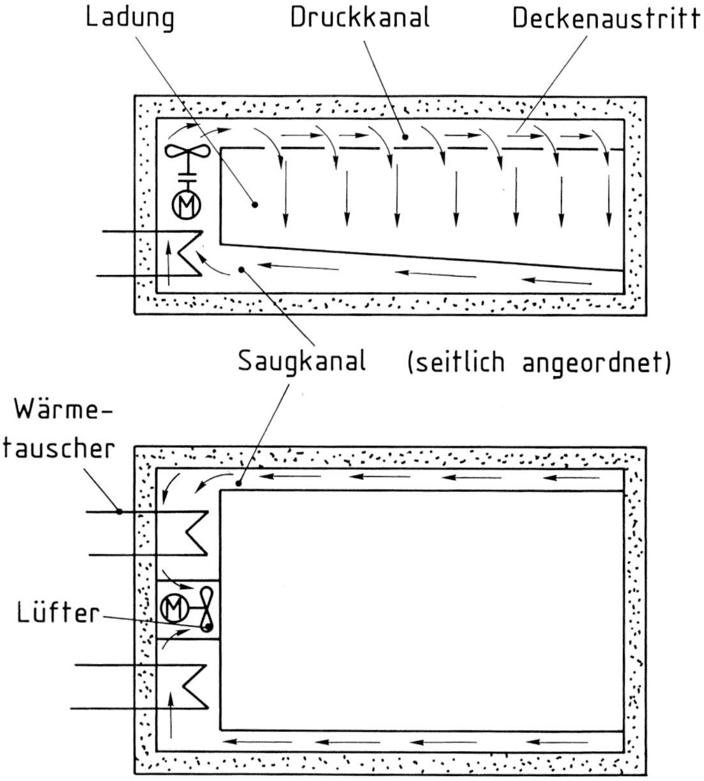

Bild 4.18: Schematische Darstellung eines Umluftsystems mit Zuströmung von oben und seitlicher unterer Absaugung (oben Seitenansicht, unten Draufsicht)

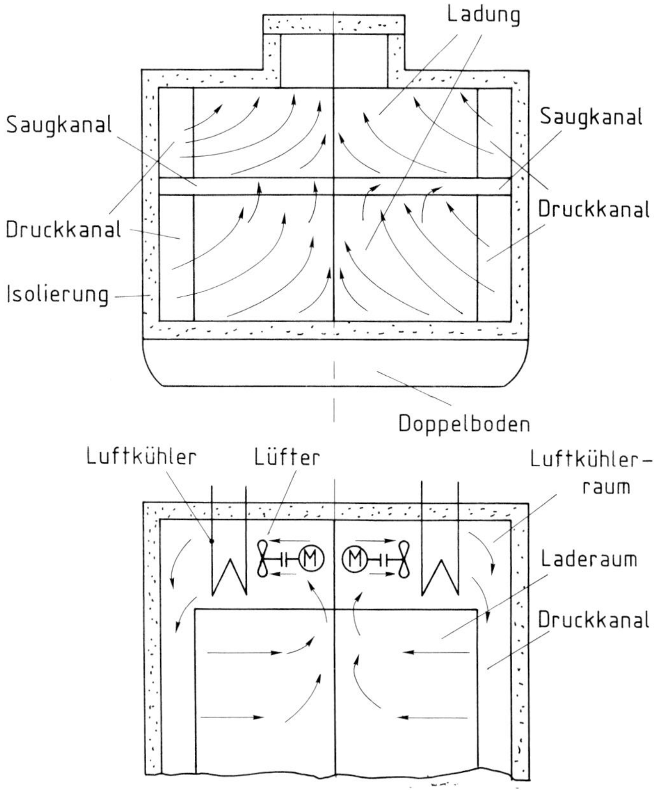

Bild 4.19: Schematische Darstellung eines Umluftsystems mit horizontaler Durchströmung der Ladung mit je einem Druck- und einem Saugkana

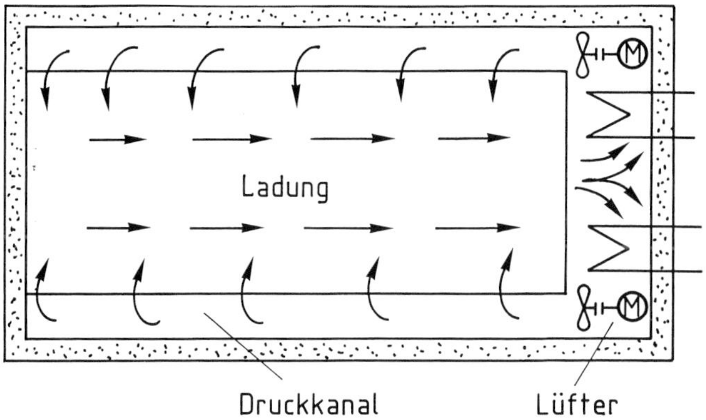

Bild 4.20: Umluftsystem mit zwei seitlichen Druckkanälen, vertikaler Ladungsdurchströmung und horizontaler Abströmung über der Ladung

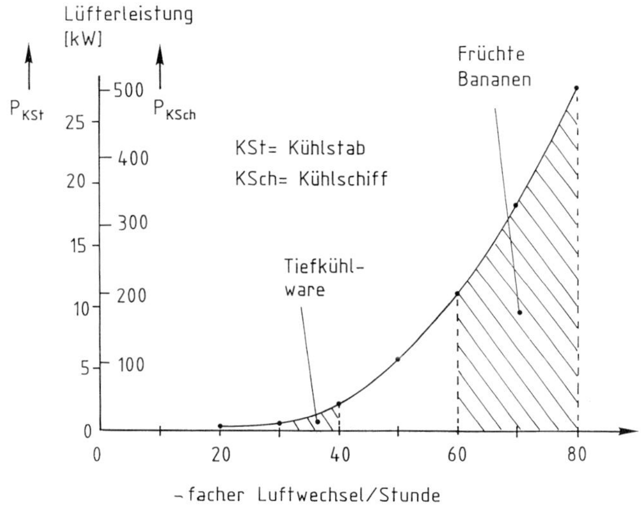

Bild 4.21: Einfluß der Luftumwälzzahl auf die Lüfterleistung P_{KSch} = Lüfterleistung Kühlschiff, P_{KSt} = Lüfterleistung Kühlstab

von zwei Druckkanälen an den Schiffsseiten und der Luftabsaugung über der Ladung gezeigt.

Die Umwälzraten sind abhängig vom Kühlgut (s. Tabelle 4.2), von den Erfahrungen der Reederei, der Fruchtgesellschaft und der Stauart. Die maximale Umwälzrate wird für den Bananentransport benötigt. Sie wurde in den vergangenen 30 Jahren von 50–60fach auf 80–110fach getrieben, obwohl damit zusätzliche Wärme (3. Potenz zur Umwälzzahl) durch die Lüfterantriebsleistung eingebracht wird (Bild 4.21). Diese Luftumwälzraten wurden erhöht, um den Forderungen nach schneller Abkühlung (24–36 h) der Bananen zu entsprechen. Zur Verringerung der Investitionskosten wurden die Kanalquerschnitte zunehmend verringert, die Laderäume vergrößert, wodurch sich die Differenzdrücke der Lüfter (Axialventilatoren) erhöhten und die Lüfterantriebsleistungen zusätzlich steigerten.

Bei einer Luftumwälzrate von z. B. 80fach ist gemeint, daß das Laderaumvolumen des leeren Laderaumes 80 mal pro Stunde umgewälzt wird. Bei der Fruchtfahrt wird neben einer hohen Luftumwälzrate eine zwei- bis dreifache Frischlufterneuerung pro Stunde gefordert, um die Stoffwechselprodukte der Früchte wie CO_2, Wasser und Ethylen auszuspülen.

Die zu hohen Luftumwälzraten nach der Abkühlphase führen jedoch dazu, daß zuviel Wasser ausgetragen wird. Zur Kontrolle wird die relative Luftfeuchtigkeit gemessen. Bei Bedarf (rel. Feuchte < 80 %) sollte eine Luftbefeuchtung erwogen werden, da die Fruchtqualität bei zu viel Wasseraustrag leidet.

Zur besseren Energieausnutzung werden zunehmend regenerative Wärmetauscher eingesetzt, die zur Abkühlung der warmen Umgebungsluft dienen. Da die Luftumwälzzahlen abhängig vom Ladegut und dem Betriebszustand (Runterkühlen, Temperaturhalten, CA-Betrieb) verschieden sind, werden die elektrischen Antriebsmotoren der Umwälzlüfter mit zwei oder drei Drehzahlen (polumschaltbar) versehen. Noch besser, allerdings auch teurer, sind drehzahlregelbare Antriebe, die mit Frequenzumrichtern arbeiten.

4.4 **Dehydrierung, Ozonisierung, Kältemittel**

Besonders bei den natürlichen Isolierstoffen ergaben sich bei der Durchfeuchtung erheblich höhere Wärmedurchgangszahlen. Zur Vermeidung wurden Dehydrierungssysteme installiert, die zur Trockenhaltung der Isolierung dienten. Diese Systeme trockneten die Isolierung durch Abkühlung eines durch die Isolierung zirkulierenden zweiten Luftkreislaufes, der dazu ebenfalls gekühlt wurde. Bei den heutigen Isolierstoffen (Mineralwolle, PU-Schaum), Bauelementen und Verkleidungen sind diese Probleme geringer, da diese Isolierstoffe kaum noch hygroskopisch sind. Dehydrierungsanlagen werden daher nur noch selten eingebaut.

Ozonisierungsanlagen (Bild 4.22) werden eingesetzt, um das Kühlgut beeinträchtigende Gerüche zu vernichten, Schimmelpilzwachstum zu hemmen und Ethylen zu kompensieren. Dabei werden Konzentrationen von etwa 10 bis 15 mg O_3 pro Kubikmeter Raumluft angewendet [31]. Nach [31] töten 3 mg O_3 in 1 m^3 Luft 99 % aller Keime in einer Zeit von drei Stunden ab. Es ergeben sich daher, auch bei hohen relativen Luftfeuchten, längere Lagerzeiten, besonders bei schimmelempfindlichen Gütern wie Ananas, Orangen und Bananen. Fetthaltige Güter sind empfindlich gegen zu hohe Ozondosierungen, da sie dann leichter ranzig werden und ausbleichen.

Bild 4.22: Ozonisierungsanlage im Deckshaus eines Kühlschiffes (Foto K.-H. Hochhaus)

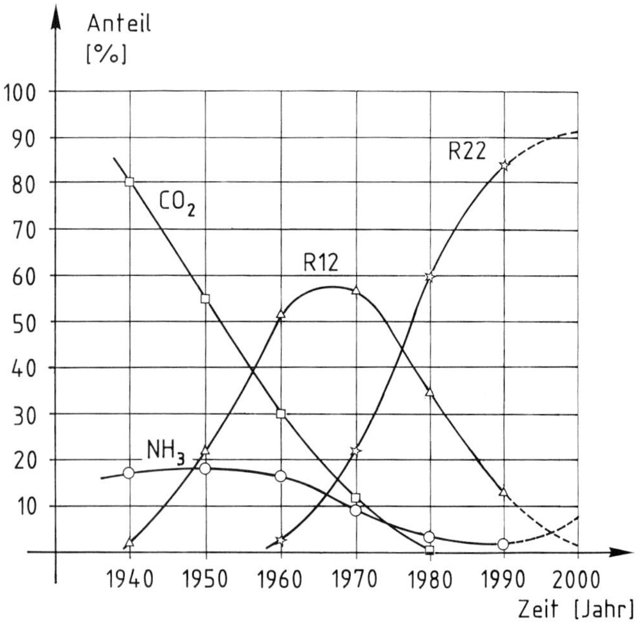

Bild 4.23: Kältemittelanwendung auf Kühlschiffen über die Zeit

Kältemittel

Eine statistische Auswertung der 300 nach dem 2. Weltkrieg gebauten Kühlschiffe wurde in [32] durchgeführt (Tabelle 4.1).

Anfang der fünfziger Jahre umfaßte die weltweite Kühlschiffsflotte etwa 600 Schiffe, davon wurden etwa 50 % nach dem 2. Weltkrieg gebaut. Die deutsche Flotte war mit acht Kühlschiffen zu dieser Zeit noch unbedeutend.

In Deutschland wurden Neubauten Anfang der fünfziger Jahre mit Ammoniak, in England mit CO_2 und in Amerika mit Frigen als Kältemittel ausgerüstet. Die Luftumwälzung erfolgte entweder vertikal von der Decke oder horizontal von einer Schiffsseite zur anderen.

Mitte der neunziger Jahre besteht die weltweite Kühlschiffsflotte aus etwa 1.300 Einheiten, die überwiegend mit FCKWhaltigen Kältemitteln arbeiten. Einige Kühlschiffe aus der ehemaligen UdSSR arbeiten noch mit Ammoniak, eine Neubauserie von fünf Kühlschiffen (Island-Klasse) für Noboa wurde wieder mit Ammoniak als Kältemittel für die Ladungskühlanlage, die Proviantkühlanlage und die Klimaanlage gebaut [28].

Im Bild 4.23 wird die Kältemittelanwendung auf Kühlschiffen über die Zeit gezeigt.

4.5 **Auslegung von Ladungskühlanlagen**

Hier sollen wie im vorstehenden Text nur die von der Landtechnik abweichenden Zusammenhänge dargestellt werden. Das sind in erster Linie andere Ladungen, extremere, sich schnell ändernde Außenbedingungen, weltweiter Betrieb und schnellere Runterkühlzeiten (Tabelle 4.2).

In Europa fallen die Erntezeiten der Äpfel und Birnen in die kalte herbstliche Jahreszeit, daher sind die Differenztemperaturen bei der Einlagerung dieser Früchte niedrig.

Da die meisten Kühlschiffe für einen universellen Einsatz für 20–30 Jahre gebaut werden, erfolgt die Auslegung der Ladungskühlanlage nach den beiden extremen Ladungsanforderungen

• Bananenfahrt + 13° C, hohe Luftumwälzrate und zwei- bis dreifache Frischluftzufuhr pro Stunde

• Fischfahrt -25 bis -30° C, niedrige Luftumwälzrate und keine Frischluftzufuhr.

Dabei werden Bananen in der Regel mit Umgebungstemperatur geladen, Tiefkühlgüter sind dagegen vorgekühlt. Als Umgebungsbedingungen für den weltweiten Einsatz werden in der Regel folgende Daten vorgegeben [33]:

• Umgebungstemperatur: + 42° C bis - 15° C
• Frischlufttemperatur: + 35° C mit 75 % rel. Feuchte
bis - 15° C mit 60 % rel. Feuchte
• Seewassertemperatur: + 32° C bis - 2° C.

Die spezifischen Wärmen und die spezifische Wärmeabgabe (Stoffwechselleistung) von Früchten und Gemüse bei verschiedenen Temperaturen sind in der Tabelle 5.3 und die Abkühlungszeiten sind in der Tabelle 4.2 aufgeführt. Die erforderliche Kälteleistung für den Tiefkühltransport bestimmt die Dimensionierung der Kälteanlage (Δp der Kälteverdichter). Die Abkühlung der Bananenladung erfordert die maximale E-Leistung der Ladungskühlanlage.

Im Bild 4.1 werden eine Ladungskühlanlage (indirekte Kälteanlage) und der Laderaum schematisch dargestellt. Außerdem sind die einzelnen Wärmeleistungen angedeutet, die insgesamt von der Kälteanlage abzuführen sind. Aus der Wärmebilanz läßt sich die benötigte Kälteleistung P_K für die Auslegung der Anlagen berechnen. Hierin sind P_{Ven} die Ventilatorleistungen, P_T die Transmissionsleistung und P_{Lad} die Wärmeleistung zum Abkühlen und die Stoffwechselleistung (s. Tabelle 5.3).

Die einzelnen Leistungen wurden in dem Bild 4.24 für ein Kühlschiff mit 600.000 cuft und 5.000 t Bananen aufgetragen, um die Größenordnungen darzustellen und mit dem CA-Betrieb zu vergleichen, der z. Z. für den Fruchttransport eingeführt wird. Im Bild 4.24 oben wird die Lüfterleistung abhängig von der Umwälzzahl dargestellt. Diese Leistung wird einmal elektrisch zum Antrieb der Lüfter aufgebracht und muß andererseits von der Ladungskühlanlage wieder herausgekühlt werden. In der Mitte sind die Stoffwechselleistungen für grüne Bananen im Vorklimakterium über der Temperatur für 21 % und 3 % Sauerstoffgehalt aufgetragen. Unten sind die Transmissions- und Frischluftleistungen abhängig von der Temperaturdifferenz innen und außen für die übliche Wärmedurchgangszahl k = 0,5 W/m² K abgebildet.

Der Stoffwechsel der Früchte ist von der Art, dem Reifezustand, der Temperatur und dem Sauerstoffgehalt abhängig. Dabei werden O_2 verbraucht und CO_2, Wärme, Wasser und gasförmige Stoffwechselprodukte wie z. B. Ethylen abgegeben. Die Abhängigkeit des Stoffwechsels von Bananen ist in Bild 5.4 graphisch dargestellt, Daten aus [34, 35, 36, 37]. Die Stoffwechselleistung P_{St} ist in dem mittleren Diagramm von Bild 4.24 zu sehen. Die Absenkung des O_2-Gehaltes von 21 % auf 3 % reduziert die Stoffwechselleistung von ca. 300 kW auf 80 kW.

Aus den Bildern 4.24 und 5.4 wird deutlich, wie weitere Energieeinsparungen möglich sind. Die Senkung des Stoffwechsels, die bisher durch Kühlung erfolgte, wird zusätzlich durch die Reduzierung des O_2-Gehaltes bewirkt. Diese Maßnahmen führen zur „Kontrollierten Atmosphäre“ (CA), deren Anwendung bei allen „lebenden“ Kühlgütern (Früchte, Gemüse, Schnittblumen, Pflanzen) ähnliche Vorteile bewirkt, wie hier am Beispiel der Bananen ausgeführt. Für andere Früchte gelten andere Transporttemperaturen (Tabelle 5.2), andere Staudaten (Tabelle 4.2) und andere Stoffwechselraten (Tabelle 5.3).

Bei „toten“ Kühlgütern (Fisch, Fleisch) ergeben sich mit MA und CA ebenfalls längere Haltbarkeiten, diese Technik befindet sich z. Z. der Manuskripterstellung in der Anfangsphase, über Erfahrungen mit Fleisch (CO_2-Zugabe) wird im Kapitel 5.1 berichtet.

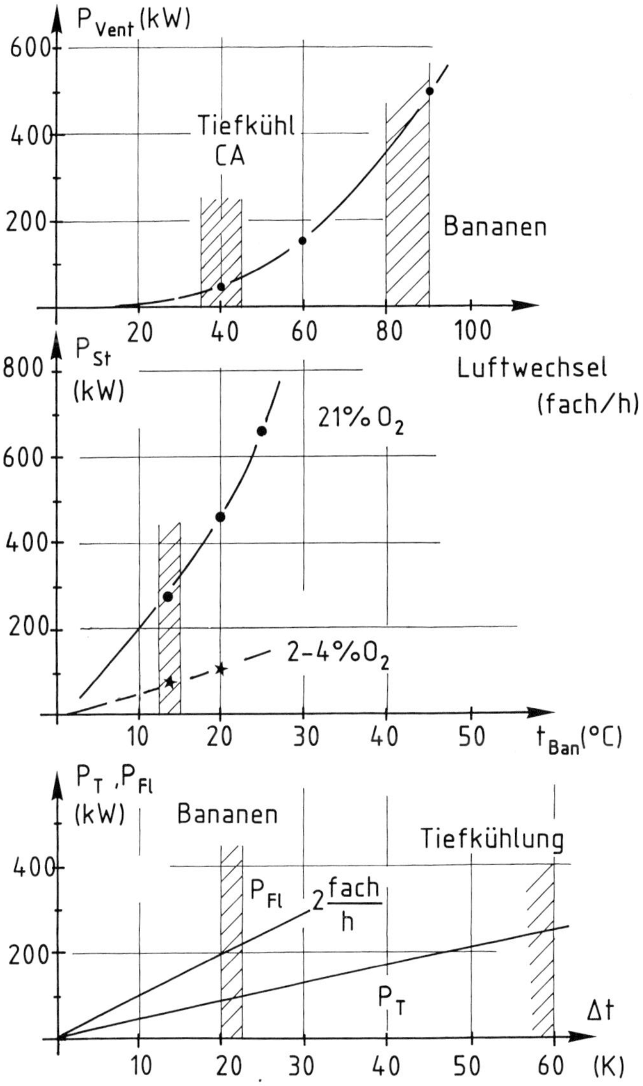

Bild 4.24: Auftragung der von der Ladungskühlanlage abzuführenden Wärmeleistungen

4.6 **Betrieb, E-Verbrauch**

Für das Kühlschiff sollen der Betrieb und der E-Verbrauch kurz beschrieben werden. Der E-Verbrauch ist für Schiffe sehr wichtig, da jedes Schiff von einem Inselnetz mit schiffseigenen Generatoren versorgt wird und keine E-Leistung von außen (z. B. Land) zugeführt wird. Daher wird für jedes Schiff eine möglichst genaue E-Bilanz für die verschiedenen Betriebsarten (Seebetrieb, Hafenbetrieb, mit Kühlung, ohne Kühlung, Runterkühlen, Winter, Sommer) erstellt, danach erfolgt die Auslegung der E-Erzeugungs- und -verteilungsanlage.

Der Betrieb der Ladungskühlanlage unterscheidet sich stark von Landkühlanlagen, da Kühlschiffe für einen universellen Einsatz gebaut werden und in kurzer Zeit verschiedene Klimazonen durchfahren.
Etwa zwei Tage, bevor das Schiff im Ladehafen ankommt, wird die Ladungskühlanlage in Betrieb gesetzt, um die Laderäume vorzukühlen. Damit erfolgen eine Überprüfung der Anlage und eine Kältespeicherung der Laderäume, besonders der Wände, Isolierungen und Einbauten wie Grätinge und Stützen. In der Tabelle 4.3 werden Vorkühltemperaturen und -zeiten angegeben, exaktere Daten werden dem Schiff vom Verlader mitgegeben (Kühlorder). Bananen werden als Kartonware lose durch Seitenpforten oder auf Paletten gestaut durch Luken von oben geladen. Die etwa 2,2 m hohen Räume fassen etwa acht bis neun Kartons übereinander. Das Beladen dauert etwa zwei bis vier Tage, in längeren Pausen werden die Räume geschlossen, und die Kühlung wird angestellt.
Seltener läuft die Kühlung bei geringen Luftwechseln auch beim Beladen (Seitenpfortenbeladung). Sind eine Temperaturzone mit Ladung gefüllt und die Luken geschlossen, dann werden diese Räume möglichst sofort gekühlt.
Im Bild 4.25 ist der E-Bedarf für ein modernes 400.000-cuft-Kühlschiff mit einer Bananenladung von etwa 3.500 t über die Zeit dargestellt. Hierbei handelt es sich um eine optimierte Ladungskühlanlage mit elektronisch gesteuerten Expansionsventilen und regenerativer Frischluftvorkühlung.
Für die Abkühlung von Bananen werden heute drei Arten unterschieden [33]:
- Vollastabkühlung
- Schockabkühlung
- ökonomisch geregelte Abkühlung.

Bei der Vollastabkühlung wird die verfügbare Kältemaschinenleistung eingesetzt, dabei wird die Kälteleistung abhängig von der vorgegebenen Zulufttemperatur reduziert. Die Schockabkühlung erfolgt ebenso, jedoch wird für eine vorgegebene Zeit die Zulufttemperatur um 2–3° C unterschritten. Die Daten Zulufttemperatur, Schocktemperatur und Schockzeit sind vom Verlader vorgegeben (Kühlorder). Bei der geregelten Abkühlung wird während der Runterkühlzeit die Verdampfungstemperatur möglichst hoch gefahren, so daß die höchste Abkühlungsleistung mit der maximalen Verdampfungstemperatur erreicht wird. Zur Beurteilung der Abkühlzeit dient die Temperaturdifferenz zwischen der Zu- und Abluft, werden hier zwei Grad unterschritten, gilt die Abkühlzeit als beendet.

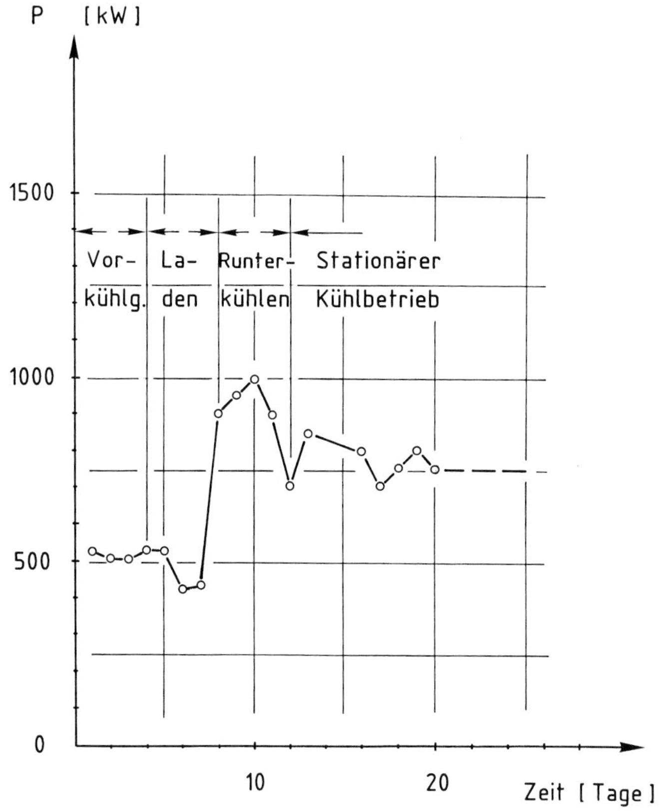

Bild 4.25: Elektrischer Leistungsbedarf eines modernen Kühlschiffes mit 400.000 cuft Kühlladeraum im Verlauf einer Ladereise mit Bananen

Verfahren/Kältemittel	Anzahl Schiffe	(%)
Direkte Verdampfung	75	25
Indirekte Verdampfung (Kühlsole)	225	75
Kohlendioxid (CO_2)	120	40
Ammoniak ($N H_3$)	30	10
Frigen 12 ($C F_2 Cl_2$)	150	50

Tabelle 4.1: **Auf Kühlschiffen verwendetes Kältemittel nach dem 2. Weltkrieg**

Kühlgut	Staugewicht* [t/m³]	Luftwechsel [fach/h]	Frischluft [fach/h]	Abkühlzeit [h]
Bananen	0,3	60 - 110	2	24 - 48
Zitrus	0,4	40 - 60	1	42 - 120
Kernfrüchte	0,3 - 0,4	40 - 60	1	42 - 120
Fleisch (Viertel)	0,3	25 - 45	0	96 - 120
Fleisch (Karton)	0,5 - 0,65	25 - 45	0	96 - 120
Fisch	0,4 - 0,5	25 - 45	0	96 - 120
Butter	0,7	25 - 45	0	96 - 120
Käse	0,8 - 0,9	25 - 45	0	96 - 120

* Bei Palettenladung ca. 75 % der Ladungsgewichte

Tabelle 4.2: **Staudaten, Luftwechsel-, Frischluftraten und Abkühlzeiten für Kühlgüter** [33]

Kühlgut	Vorkühltemperatur [° C]	Vorkühlzeit [h]
Äpfel	0	24 - 48
Birnen	0	24 - 48
Bananen	5–6	24 - 48
Zitrusfrüchte	0	24 - 48
Steinfrüchte	0	24 - 48
Tomaten	5	24 - 48
Weintrauben	1	24 - 48
Gefrierfleisch	- 25	36 - 48
Gefrierfisch	- 25	36 - 48
Gefrierei	- 20	36 - 48

Tabelle 4.3: **Vorkühltemperaturen und Vorkühlzeiten für Kühlgüter** [2, 4, 32, 45]

5. Kühlgüter

Eine Betrachtung der Entwicklung im Bau und Betrieb von Kühlschiffen ist nicht möglich ohne die Einbeziehung der zu transportierenden Güter. Die Ladung hat den Schiffbau und die Schiffahrt ständig verändert, die heutige Vielfalt der Schiffstypen zeugt davon. Für die zukünftige Planung der Kühlschiffsreedereien, der Umschlagseinrichtungen und der Zwischenlagerung ist es wichtig, die bisherige Entwicklung zu kennen, um aus den daraus erkennbaren Trends für die zukünftige Entwicklung besser vorbereitet zu sein.

Dieses Kapitel steht unter dem Gesichtspunkt des Transportes und der Transportbehandlung, wobei reine Zahlen der transportierten Mengen nicht genug aussagen, da die Entfernungen eine große Rolle spielen. In der Tabelle 5.1 werden die weltweit mit Schiffen transportierten Kühlgüter angegeben. Dabei wird unterschieden zwischen den Gruppen Bananen, Zitrusfrüchte, Kernfrüchte, Fleisch, Fisch, Molkereiprodukte und dem Rest.

Der seewärtige Transport von Kühlgütern ist in zehn Jahren von ca. 24,2 Mio. t (1982) auf 36,4 Mio. t, d. h. um etwa 50 %, gewachsen, wenn 1982 als 100 % betrachtet wird. Prozentual hat Fisch mit 172 % den höchsten Zuwachs und Zitrusfrüchte mit 17 % den geringsten. Die anderen Zuwächse liegen zwischen 20 bis 57 %. Absolut ist der Zuwachs bei den Bananen mit 3,6 Mio. t am höchsten und bei Fleisch mit 0,1 Mio. t am geringsten.

Es wird grundsätzlich unterschieden zwischen **Plusgütern** mit Stoffwechsel und **Minusgütern** ohne Stoffwechsel. Minusgüter werden mit Temperaturen unter 0° C gefahren.

Fleisch, Fisch und Molkereiprodukte zählen zu den **Minusgütern**, deren Aufbewahrungszeit oder Transportzeit ist in der Regel bei Tiefkühlung unproblematisch. In diesen Gütern finden jedoch auch Veränderungen statt, die keine unbegrenzte Lagerung zulassen.

Bei der Gruppe der Minusgüter gibt es Ausnahmen, so kann z. B. Fleisch oder Fisch für begrenzte Zeit gekühlt transportiert werden. Die Transporttemperatur liegt dann um 0° C, und das Fleisch oder der Fisch darf dann als frisch gehandelt werden. Ein typisches Beispiel dafür ist

Bild 5.1: Fisch auf Eis, Löschen eines kleinen Fischkutters (Foto K.-H. Hochhaus)

Fisch, der nach dem Fang auf dem Fangschiff im Eis bis 20 Tage gelagert wird (Bild 5.1).

Plusgüter werden gern als lebende Güter bezeichnet, da sie als Früchte oder Pflanzen im Gegensatz zu Fisch oder Fleisch einem Stoffwechsel unterliegen. Dieser Stoffwechsel ist Ursache für die wesentlichen Unterschiede beim Transport.

1. Beim Tiefkühltransport (Minusgüter) schaden tiefere Temperaturen den Gütern nicht. Plusgüter werden in der Regel in der Nähe ihrer unteren Temperatur befördert, da hierbei der Stoffwechsel auf sehr niedrige Werte reduziert wird. Je langsamer der Stoffwechsel abläuft, um so geringer ist der Qualitätsverlust.
   Eine Temperaturabsenkung um jeweils 10° C bewirkt eine Reduzierung des Stoffwechsels etwa um den Faktor 2–3 [38]. Die Absenkung darf jedoch nur bis zu bestimmten vorgegebenen Grenzwerten erfolgen (Kühlorder), darunter werden die Früchte geschädigt, und sie lassen sich nicht mehr verkaufen. Generell gilt, daß die unteren Grenztemperaturen für Früchte aus tropischen Klimagebieten höher liegen als für Früchte aus den gemäßigten Klimazonen. Hier liegt die Grenztemperatur in dem Bereich des Gefrierpunktes (s. a. Tabellen 5.2a und 5.2b).
2. Es entsteht beim Stoffwechsel Wärme, die zusätzlich zur Transmission und Lüfterwärme abgeführt werden muß. Diese Vorgänge wurden untersucht, und es stehen die notwendigen spezifischen Daten zur Verfügung (s. a. Tabelle 5.3). Diese zusätzliche „Stoffwechselwärme" ist bei der Auslegung der Kälteanlage zu berücksichtigen. Bei Bananen ist sie etwa vier- bis fünfmal höher als der Wärmeeinfall durch die Außenwände. Der Stoffwechsel der Plusgüter erforderte um die Jahrhundertwende den Übergang von der „stillen" auf die „bewegte" Kühlung. Mit 40- bis 60fachem Luftwechsel kann diese zusätzliche Stoffwechselwärme abgeführt werden.
3. Außer der Wärme entstehen noch weitere Stoffwechselprodukte wie Wasser, Kohlendioxid (CO_2), Ethylen und weitere aromatische Gase. In einem absolut geschlossenen Raum voller Früchte würde der gesamte Sauerstoff nach einiger Zeit durch den Stoffwechsel in CO_2 umgewandelt werden (Bild 5.2).
   Daher ist beim Fruchttransport ein Frischluftwechsel erforderlich, und die Kühlschiffe und Kühlcontainer werden in der Regel mit der Möglichkeit eines zweifachen Frischluftwechsels ausgestattet, d. h. das Leervolumen des Laderaumes kann pro Stunde zweimal durch Frischluft ausgetauscht werden. Dazu werden separate Luftkanäle, häufig zusätzliche Lüfter und entsprechende Einstellklappen installiert (Bild 5.3).
4. Der nächste wesentliche Unterschied ist nur indirekt dem Stoffwechsel zuzuordnen. Die Minusgüter kommen vorgekühlt an Bord, Plusladung in der Regel mit Umgebungstemperatur. Die Kühlorder der Verlader verlangen eine möglichst schnelle Abkühlung der Frucht, wobei als Kriterium die Rücklufttemperatur verwendet wird. Da der Stoffwechsel bei hoher Umgebungstemperatur (besonders bei Bananen) ebenfalls hohe Werte annimmt (s. Bild 5.4), werden für die Runterkühlzeit (Reduktionsperiode) von 24–48 Stunden hohe Kälteleistungen erforderlich. Derartige Landanlagen zur Vorkühlung stehen für den bisherigen Bananentransport im Kühlschiff in der Regel nicht zur Verfügung.
   Seit der Umstellung auf den Containertransport nach Nordamerika/Kanada erfolgt jedoch zunehmend eine Vorkühlung. Hier werden integrierte Kühlcontainer verwendet, die nur einen Stromanschluß benötigen

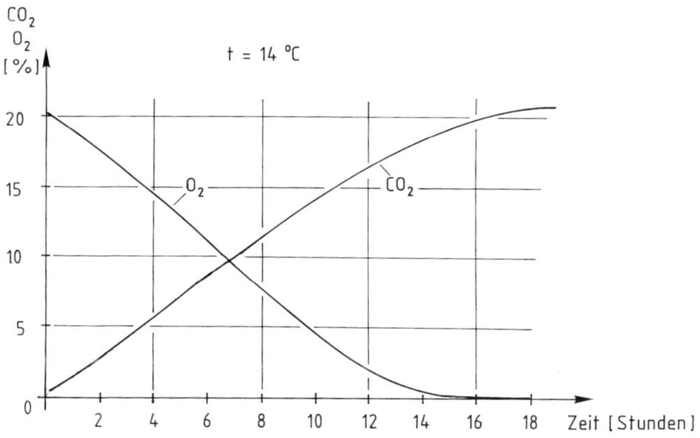

Bild 5.2: Stoffwechsel von Bananen, Veratmung von Sauerstoff in Kohlendioxid, aus [34]

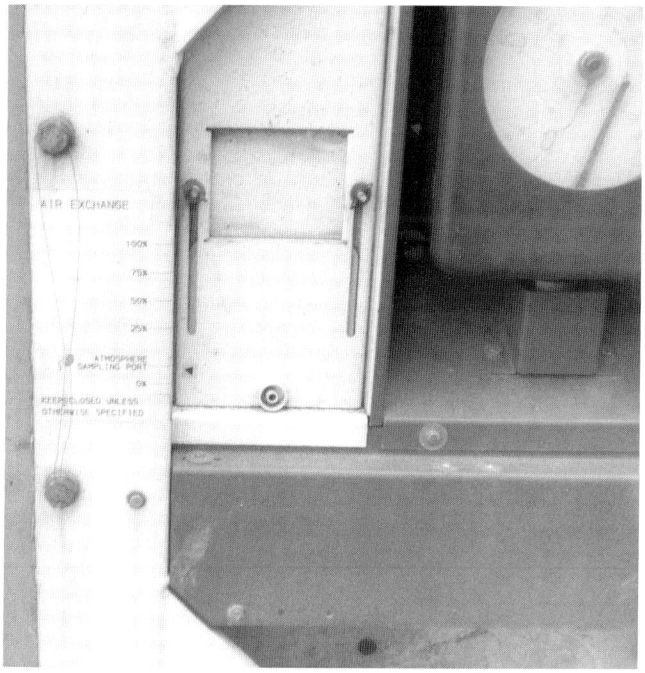

Bild 5.3: Frischluftklappe an einem Kühlcontainer (Foto K.-H. Hochhaus)

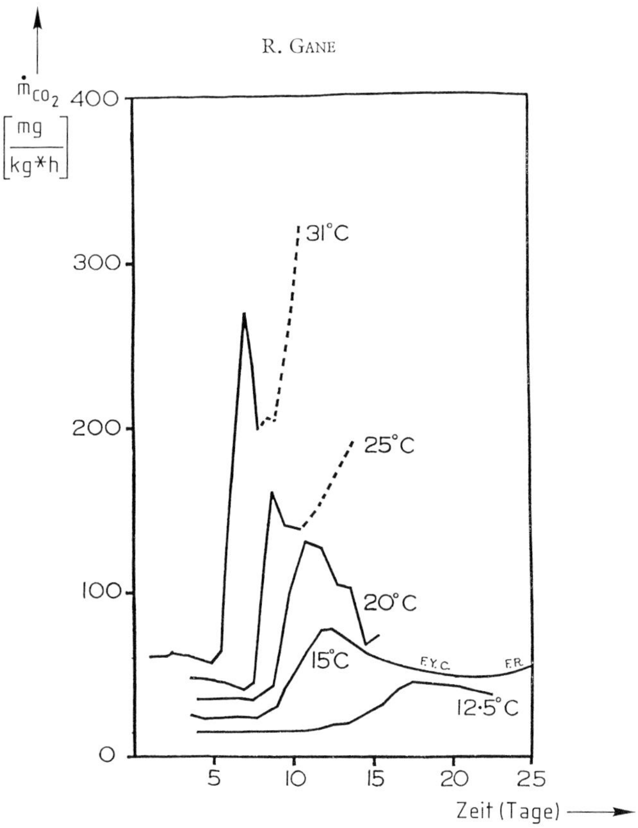

Bild 5.4: Abhängigkeit des Stoffwechsels der Bananen von der Temperatur, aus [35]

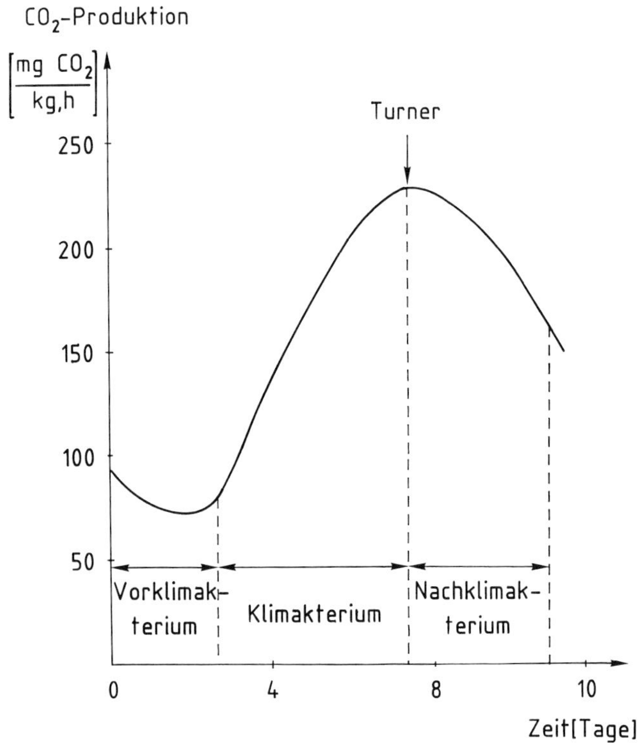

(10–15 kW/Container). Die Bananen-Containertransporte von den französischen Überseedepartements Guadeloupe und Martinique (DOM) nach Frankreich in Isoliercontainern (ohne eigenes Kühlaggregat im Container) werden in der Regel nicht vorgekühlt. Zur Zeit der Manuskripterstellung werden Vorkühlstäbe (Bild 5.5) in den Ladehäfen installiert, um besonders die Bananenladung vorzukühlen.

Beim Großteil der anderen Plusladungen wie Äpfel, Birnen, Trauben, Kiwis, Tomaten usw. werden die Güter häufig vorgekühlt geladen, da sie teilweise in Kühlhäusern zwischengelagert wurden. Dies ist erforderlich, weil bei diesen Früchten keine kontinuierliche Ernte wie bei den Bananen möglich ist (Ernte kurz vor Schiffsankunft).

Es ist bei den Früchten zu unterscheiden zwischen den

- klimakterischen und
- nichtklimakterischen Früchten (Tabelle 5.4).

Die klimakterischen Früchte haben einen stark ausgeprägten Verlauf des Stoffwechsels, der als Beispiel in Bild 5.4 für Bananen dargestellt wurde.

Beim Klimakterium erfolgen eine starke Zunahme und nachfolgend eine deutliche Abnahme der Stoffwechselintensität der reifen Frucht, diese Aktivität ist als CO_2-Abgabe meßbar und darstellbar. Klimakterische Früchte reifen nach der Ernte, diese Nachreifung läßt sich durch gezielte Ethylenzugabe wie z. B. in speziellen Reifekammern für Bananen beeinflussen.

Nichtklimakterische Früchte zeigen keine ausgeprägten Veränderungen der CO_2- oder Ethylenabgabe, sie müssen reif geerntet werden. Eine spätere Nachreifung wie bei den klimakterischen Früchten ist nicht möglich. Durch Ethylenbehandlungen können Farbänderungen erzielt werden (Zitrusfrüchte), der Geschmack und der Zuckergehalt sind damit jedoch nicht beeinflußbar.

Die Auslösung des Klimakteriums ist von der Schnittreife, der Transportdauer und der Temperatur abhängig. Einen sehr großen Einfluß hat bei diesem Vorgang das Ethylen als Auslöser, welches z. B. bei der gezielten Bananenreifung verwendet wird.

5.1 **Fleisch**

Wie in Kapitel 1. bereits dargestellt, begann die Kühlschiffahrt mit dem Transport von Fleisch, wobei anfangs nur mit Eis gekühlt wurde. Diese Methode war im Fahrtgebiet Nordamerika–England erfolgreich, in der Australien-Fahrt jedoch wegen der langen Transportdauer und der Äquatorüberquerung problematisch. Nach dem Einbau von Kältemaschinen setzten sich die Kühlung und Tiefkühlung mit Erfolg auch über große Entfernungen durch. Beide Methoden werden heute noch angewendet, und das Transportgut wird entweder als

Bild 5.5: Landseitige Kühlstäbe zum Temperaturhalten oder Vorkühlen von Isoliercontainern im Hafen (Foto K.-H. Hochhaus)

• Kühlfleisch (chilled meat, 0 bis -1,5° C) oder
• Tiefkühlfleisch (frozen meat, kälter als -15° C) transportiert.

Die weltweite Fleischproduktion ist in fünf Jahren von 153 Mio. t (1987) auf 178 Mio. t (1992) um etwa 15 % gewachsen. Werden die Fleischarten verglichen, so betragen die Anteile etwa 40 % Schweinefleisch, 30 % Rindfleisch, 25 % Geflügelfleisch und 5 % Hammelfleisch. Genauere Zahlen für 1987–1992 sind in den Tabellen 5.5 und 5.6 aus [42] angegeben.

Etwa 4–5 % des Schweinefleisches, 8–10 % des Rindfleisches, 5–8 % des Geflügel- und 10–15 % des Hammelfleisches werden weltweit exportiert. In absoluten Zahlen wurden 1987 etwa 9,1 Mio. t und 1992 etwa 12 Mio. t exportiert, als Transportmittel wurde zu 70–75 % das Schiff gewählt (s. a. Tabelle 5.6). Innerhalb Europas werden häufig die Bahn und der Lkw als Transportmittel benutzt, im überseeischen Verkehr das Schiff mit dem Schwerpunkt Containerschiff (Bild 5.6)

Kurz nach dem Schlachten der Tiere beginnt ein Abbauprozeß der tierischen Zellsubstanz, der anfangs den Genußwert steigert (Reifevorgang), bei weiterem Fortschreiten aber zum Zerfall des Gewebes durch Mikrobentätigkeit führt [39].

Die Aktivität von Mikroben (s. Tabelle 5.7) wird beim Abkühlen reduziert. Bei Temperaturen um 0° C sind nur noch kyrophile Mikroben aktiv, d. h. vermehren sich. Bei Temperaturen unter - 10° C hört auch diese Aktivität auf, sie bleiben jedoch lebensfähig. Daher ist bei Tiefkühlfleisch die mikrobielle Aktivität unterbrochen, die enzymatischen Abbauvorgänge (Eiweißabbau, Fettoxydation) verlaufen stark reduziert weiter [39].

Bei Temperaturen unter -8° C wird Fleisch als Tiefkühlfleisch oder Gefrierfleisch bezeichnet, üblich sind jedoch Temperaturen unter -15° C.

Kühlfleisch wird um 0 bis - 1,5° C gefahren mit einer im Gegensatz zur Tiefkühlladung möglichst genauen Temperatureinhaltung. Erst ab - 1° C beginnt im Fleisch die Eisbildung, die bis -1,5° C als unkritisch bezeichnet wird. Daher wird - 1,5° C als ideale Temperatur bezeichnet [39, 40].

Bei weiterer Abkühlung gefriert immer mehr in dem Fleisch enthaltenes Wasser, bei - 7° C ist 90 % des Wassers zu Eis geworden, bei etwa - 10° C ist alles Wasser gefroren [39].

Da das Fleisch in gekühltem Zustand nur begrenzte Zeit genußfähig bleibt, ist die Transportdauer auf dem Schiff eingeschränkt.

Bild 5.6: Kühlcontainerschiff DAL KALAHARI in Hamburg wird beladen, fährt im Südafrikadienst und kann 890 TEU Kühlcontainer transportieren (Foto K.-H. Hochhaus)

Die Probleme des Fleischverderbs beim Kühlfleischtransport wurden in den dreißiger Jahren in England untersucht, bei längeren Transporten konnten mit dem Zusatz von 10 % CO_2 zur Laderaumatmosphäre gute Erfolge erzielt werden [32]. Diese Transportversuche wurden 1934 von der White Star Aberdeen Line mit der „Gaslagerung" von Rinderhälften durchgeführt, im Verlauf von zwei Reisen (Australien nach England) über den Zeitraum von 60–70 Tagen wurden bei der CO_2-Anwendung keine Ladungsverluste und ohne CO_2-Anwendung etwa 10 % Verluste wegen Schimmelbildung festgestellt.
Diese Ergebnisse führten dazu, englische Fracht- und Kühlschiffe für den Fleischtransport mit gasdichten Räumen und Einrichtungen für Lagerung und Verteilung von CO_2 auszuführen [41]. Das Fleisch wird hängend transportiert, damit Berührungsstellen mit dem Boden oder den Wänden möglichst vermieden werden. Es erfolgt eine Kühlung mit geringen Luftgeschwindigkeiten zur Vermeidung der Austrocknung.

Behandlung an Bord [4, 31]
Wenn die Güter an Bord kommen, sollen die Laderäume sauber, vorgekühlt und frei von Geruch sein. Die Vorkühltemperatur und Vorkühldauer ebenso wie die Transporttemperatur und Dosierung der Ozonzugabe stehen in der Kühlorder.
Kühlfleisch und Tiefkühlfleisch werden bereits mit der richtigen Transporttemperatur angeliefert. Gefrierfleisch kommt als Rind-, Schweine- oder Hammelfleisch überwiegend in Hälften an Bord und ist in Schutzbezüge gehüllt. Da das Fleisch in diesem Zustand nicht druckempfindlich ist, wird es unter guter Raumausnutzung gestapelt. Dadurch werden hohe Staudichten erreicht.
Kleinere Fleischportionen von Rind-, Schweine-, Hammel-, Hühner-, Putenfleisch und Innereien (z. B. Leber) werden in Kisten oder Kartons verpackt transportiert und lassen sich dadurch gut stapeln und auf Transporttemperatur halten.
Sind auf einer Reise Plus- und Minusgüter zu transportieren, sollten die Minusgüter möglichst in den unteren Räumen befördert werden, um die Plusgüter nicht zu schädigen. Die Gefahr besteht, da die Zwischendecksluken nicht absolut dicht sind.
Kommt die tiefgekühlte Ladung an Bord, ist darauf zu achten, daß die Schutzbezüge sauber und trocken sind. Blutdurchtränkte Bezüge lassen Auftauvorgänge vermu-

Bild 5.7: Kühlschiff der Kristall-Klasse für den Tiefkühl-Fischtransport in Bremerhaven (Foto K.-H. Hochhaus)

ten, d. h. Nichteinhaltung der Kühlkette. Die Kerntemperaturen sollten nicht über der Reisetemperatur liegen, ist das Fleisch wärmer als -15° C, sollte es zurückgewiesen werden. Die Lade- oder Löschvorgänge sollten nicht bei Regen stattfinden, beim Löschen und Laden sollte die Kühlung in Betrieb bleiben.

5.2 **Fisch**

Nach FAO-Quellen hat der weltweite Fischfang 1989 mit 100 Mio. t sein Maximum erreicht (s. Tabelle 5.8), wurden 1975 ca. 75 Mio. t gefangen, waren es 1991 ca. 96 Mio. t. Etwa 30 bis 40 % des Fanges gehen in den Handel. Mit Kühlschiffen und Kühlcontainerschiffen wurden davon 1981 ca. 1,7 Mio. t und 1992 ca. 4,9 Mio. t transportiert [42].

Der Fisch wird überwiegend im Küstenbereich gefangen, verarbeitet und verzehrt. Einige Länder wie Japan und ex UdSSR betreiben Fern-Fischerei im großen Stil, wobei diese Fischfang-Flotten jahrelang weitab ihrer Heimatländer operieren und von anderen Schiffen versorgt werden. Der auf den Fischereischiffen gefangene Fisch wird weitgehend fabrikmäßig verarbeitet und überwiegend tiefgefroren. Spezielle Kühlschiffe transportieren diesen Fang in die Heimatländer, die Fischladung wird häufig auf See übernommen. Diese Kühlschiffe ihrerseits übergeben die notwendige Ausrüstung und häufig auch Brennstoff und Personal an die Fangschiffe. Ein derartiges Kühlschiff der Polar-Kristall-Klasse ist im Bild 5.7 zu sehen.

Von den 14 fischfangenden Nationen mit mehr als 1 Mio. t/a wurden 1981 (1989) 50 Mio. t (72 Mio. t) gefangen, für die restlichen fischfangenden Nationen blieben etwa 25 Mio. t. Von den 72 Mio. t entfallen ca. 11,5 Mio. t auf Japan und 25,5 Mio. t auf die ex UdSSR.

Die deutsche Fischfangflotte war bis in die siebziger Jahre bedeutend und sehr modern. Mit der Erweiterung der Hoheitsgewässer, Fangquotenzuteilung durch die EWG (EG/EU) erfolgten eine weitgehende Stillegung der Hochseeflotte und anschließender Verkauf. Die deutsche Fischversorgung erfolgt seit Mitte der achtziger Jahre überwiegend als Import per Kühl-Lkw, Kühlcontainer, Anlandungen von Fischereischiffen (Bild 5.8) und Kühlschiffen in Bremerhaven und Cuxhaven.

Fischfangschiffe mit umfangreichen Verarbeitungsanlagen, Tiefgefriereinrichtungen und Kühlladeräumen wer-

Bild 5.8: Löschen eines Fischfangschiffes mit eigenem Ladegeschirr (Foto K.-H. Hochhaus)

den auch in der Nordsee und im Nordatlantik eingesetzt. Sie fahren für drei bis neun Monate zum Fang und kehren entweder zurück und löschen den Fang im Heimathafen oder übergeben die Ladung in fremden Häfen und werden hier auch wieder ausgerüstet. Den Weitertransport übernehmen häufig kleine Kühlschiffe, darauf haben sich einige Kühlschiffsreedereien wie Laskaridis (Griechenland) oder Kühlschiffpools wie Alpha-Reefer (Hamburg) und Seatrade (Niederlande) spezialisiert.
Eine Alternative für den Tiefkühltransport ist der Kühlcontainer, besonders kleine Partien werden daher häufig in Containern verschifft. Etwa 30–40 % der Fischfangmenge werden jährlich weltweit als Tiefkühlfisch hergestellt und angelandet.

5.3 Molkereiprodukte (Butter, Käse)

Die Gruppe der Molkereiprodukte ist die mengenmäßig kleinste Gruppe der Kühlgüter, sie umfaßt den Handel mit Käse und Butter. Weltweit wurden in den vergangenen zehn Jahren etwa 20–25 Mio. t pro Jahr produziert (s. Tabelle 5.9), davon etwa ein Drittel Butter und zwei Drittel Käse, etwa 15–20 % werden exportiert [42].

Die EU, USA und Neuseeland sind die größten Produktions- und Exportländer, die seewärtigen Transporte betragen etwa 1,5–2 Mio. t. Ein Großteil, etwa 50 %, der Exporte erfolgt innerhalb der EU, hier konkurrieren die verschiedenen Verkehrsmittel zum Kühltransport. Etwa 10 % der Exporte kommen aus Neuseeland, der Transport erfolgt mit Kühlcontainerschiffen, aber auch mit Kühlschiffen.
Bei der Betrachtung der gesamten Exporte über See werden die Molkereiprodukte überwiegend in Kühlcontainern transportiert, Ausnahmen bilden in Europa die Verschiffungen großer Mengen, wie z. B. das Räumen hoher Lagerbestände der EU-Butter in die ex UdSSR.

5.4 Bananen (Südfrüchte)

In der Rangordnung der weltweit exportierten Kühlgütermengen sind Zitrusfrüchte und Fleisch erheblich bedeutender als Bananen (Tabelle 5.1). Bezüglich des Überseehandels jedoch sind die Bananen wichtiger, und in der Bedeutung der Kühlgüter im Schiffstransport stehen die Bananen an erster Stelle. Da sie auch als Kühlladung bezüglich der Temperaturgenauigkeit, der hohen Luftumwälz-

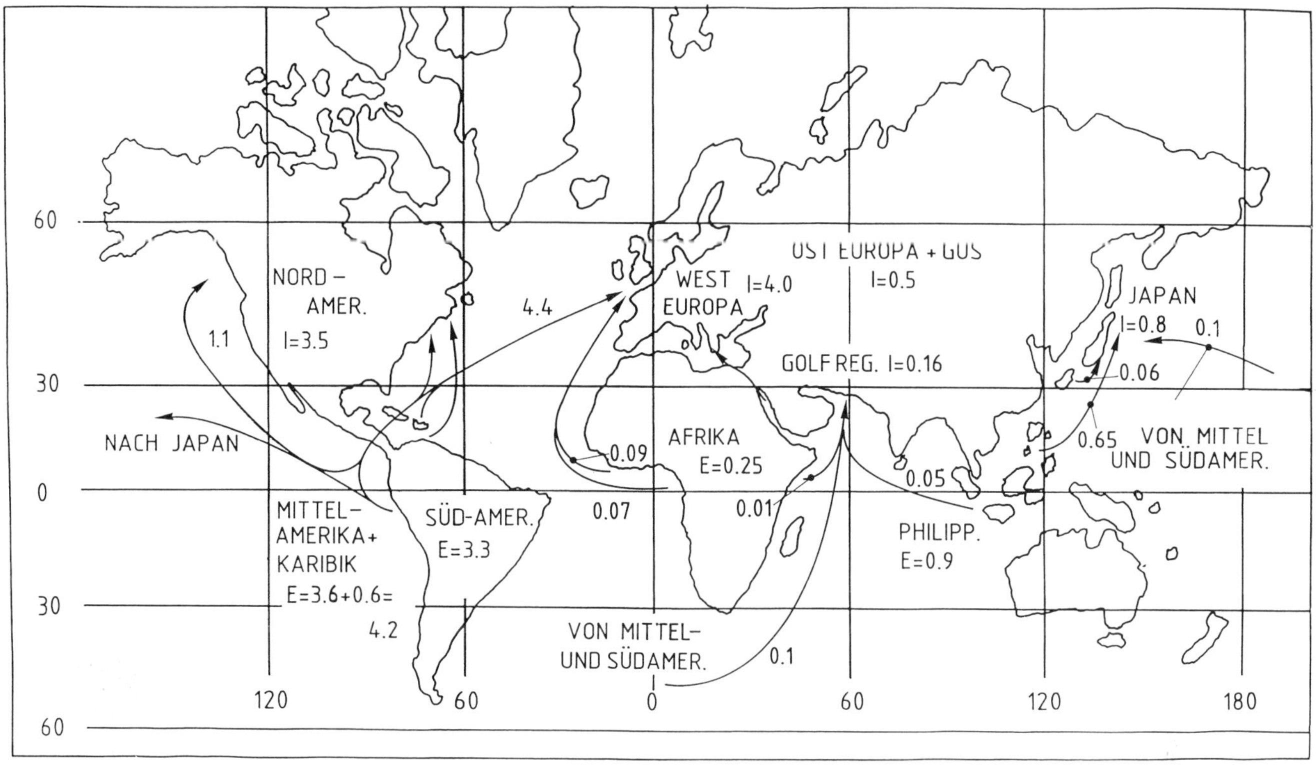

Bild 5.9: Bananenexportierende und -importierende Länder (Zahlen in Mio. t für 1992 aus [42])

zahl und der Frischluftzufuhr äußerst anspruchsvoll sind, stellen die Bananen auch eine Ladung mit guten Frachtraten über das gesamte Jahr dar.

Erst seit den fünfziger Jahren ist man dazu übergegangen, Kühlschiffe für den Transport aller Kühlgüter zu bauen. Vorher wurde unterschieden in Kühlschiffe und „Bananendampfer". Auch heute noch sind etwa 25 % der Kühlschiffe für den Bananentransport nicht geeignet.

Der Großteil der Bananenexporte kommt aus Süd/Mittelamerika und der Karibik mit dem Schiff nach Nordamerika/Kanada und Europa. Die Export- (E) und Import-Länder (I) werden im Bild 5.9 markiert, und die Mengen für 1992 wurden in Mio. t eingetragen. Für den Transport nach Europa werden überwiegend Kühlschiffe eingesetzt, die Kartons mit den Früchten werden lose (Bild 5.10) oder zunehmend auf Paletten (Bild 5.11) gestaut. Der Transport nach Nordamerika/Kanada erfolgt überwiegend auf Paletten und in Containern, dafür wurden spezielle Kühlcontainerschiffe mit bordeigenen Ladebrücken gebaut, wie z. B. die PURITAN von F. Laeisz (Bild 5.12). Das Kühlcontainerschiff PURITAN mit 290 (580 TEU) kühlbaren Containern war eines der ersten dieser Art, inzwischen gibt es fast 20 Schiffe dieses Typs (Tabelle 5.10).

Die Banane ist eine der ältesten Kulturpflanzen der Erde, der Name stammt aus dem arabischen Wort „banan" und bedeutet Finger. Laut Geschichtsüberlieferungen aß Alexander der Große in Indien Bananen, und etwa 200 n. Christus wurden in China Bananen in Plantagen angebaut. Über Ägypten (650 n. Christus) wurden sie von den arabischen Sklaven und Elfenbeinhändlern über Afrika verbreitet. Von dort gelangten sie mit den Portugiesen zu den Kanarischen Inseln (1500) und nach Westindien (Santa Domingo 1516). Von hier aus verbreiteten sie sich über die Westindischen Inseln und wurden später auch in Zentral- und Südamerika heimisch [45].

In Europa und Nordamerika war die Banane bis Mitte des vorigen Jahrhunderts so gut wie unbekannt, etwa ab 1850 erfolgten von Panama aus die ersten regelmäßigen Bananenexporte in die Vereinigten Staaten. Von der Insel Madeira erfolgten ab 1875 die ersten regelmäßigen Verschiffungen nach Lissabon und Liverpool und 1882 von den Kanarischen Inseln nach England. In Deutschland wurden 1892 die ersten Bananen in Hamburg (R. Lehmann) und 1902 in Bremen (G. Scipio) gelöscht, sie stammten ebenfalls von den Kanarischen Inseln [45] und Madeira.

Heute wird die Banane in ihrer Wachstumszone, dem sogenannten Bananengürtel zwischen dem 30. Breitengrad nördlicher und südlicher Breite, in der ganzen Welt angebaut. Ihre Bedeutung als wichtigste Welthandelsfrucht (bis 1972) verdankte sie den vier Faktoren

- guter Geschmack und für die Ernährung wichtige Inhaltsstoffe
- Entwicklung geeigneter Kühlschiffe zum preiswerten Transport
- Kaufkraft der amerikanischen, später der europäischen Bevölkerung

Bild 5.10: Bananentransport in Kartons als „Break Bulk", hier beim Löschen im Kühlschiff (Foto K.-H. Hochhaus)

Bild 5.11: Bananentransport in Kartons auf Paletten, hier in einem modernen Kühlschiff (Foto K.-H. Hochhaus)

Bild 5.12: PURITAN (Reederei F. Laeisz), ein Kühlcontainerschiff mit 100 % Kühlcontainern, welches 1983 zum Bananentransport in Containern für Chiquita eingesetzt war (Foto K.-H. Hochhaus)

• Züchtungserfolge und Kultivierung in großen Plantagen. Es sind über 400 Bananensorten bekannt, dabei ist zu unterscheiden zwischen den eßbaren und Faser- oder Textilbananen. Zu den eßbaren Bananen zählen die Koch- und die Obstbananen. Die Obstbananen sind wegen des guten Geschmacks und der einfachen Handhabung für den Export interessant, die Kochbananen werden vorwiegend in den Anbauländern verzehrt.

Die Bananenpflanze wird durch Schößlinge vermehrt, sie bildet einen Scheinstamm (Staude), der seine endgültige Höhe von 2–12 m in 7–12 Monaten erreicht. Jede Staude bildet eine Knospe, deren 10–14 Blütenreihen sich von unten nach oben öffnen. Aus jeder Blütenreihe bildet sich eine Fruchthand mit 10–20 Fingern. So entsteht das Fruchtbüschel mit 100–200 Bananen, die Zeit zwischen Blüte und der Ernte dauert 80–120 Tage. Jede Bananenstaude trägt nur einmal, sie bildet jedoch mehrere Schößlinge, wovon der kräftigste stehenbleibt, um erneut Früchte zu tragen.

Die Ernte in einer Bananenplantage erfolgt ständig, dabei werden die Plantagen sorgfältig auf schnittreife Büschel überprüft. Der Schnittzeitpunkt ist von der Entfernung zum Verbraucherland abhängig, da die Bananen hier grün ankommen sollen.

Nach dem Schnitt werden sie zu den Sammelstellen getragen und z. B. mit Seilbahnen schonend zu den Packstationen befördert, wo die Büschel in Hände und anschließend in „Cluster" (6–8 Finger) zerteilt, sortiert und in einem offenen Wasserbehälter vom Schmutz, Staub und durch den Schnitt austretenden Milchsaft (Latex) gesäubert werden.

Danach erfolgt eine Besprühung oder ein Tauchbad mit Fungiziden, und die „Cluster" werden in Abtropfschalen zu 18- oder 12-kg-Einheiten zusammengestellt. Nach der Auszeichnung (Label) mit der gewünschten Bananenmarke werden sie in eine Plastikfolie und anschließend in die mit einer Lage Packpapier ausgeschlagenen Kartons verpackt.

Diese Arbeiten, das Schneiden, Sortieren und Verpacken, erfolgen gezielt für das jeweils angekündigte Schiff und den damit feststehenden Löschhafen. Wenn das Schiff im Hafen oder auf der Reede anlegt, werden die zu verladenden Bananenkartons im Hafen empfangen, und parallel zum Ladungsbeginn laufen die Ernte- und Verpackungsarbeiten auf den Plantagen für dieses Schiff auf vollen Touren. Es ist außerordentlich wichtig, daß die Bananen nach dem Schneiden schnell im vorgekühlten Schiff verladen werden, da eine gekühlte Zwischenlagerung bis auf wenige Ausnahmen bisher nicht vorgesehen ist.

Bis in die sechziger Jahre war die „Gros Michel", die auch „Westindische oder Jamaica-Banane" genannt wurde, die führende Handelssorte mit den Vorteilen guter Transportfähigkeit, hoher Qualität, gleichmäßiger Form der Finger und der Büschel.

Die bis zu 8 m hohen Stauden (Scheinstämme) waren jedoch sehr windanfällig, und Stürme richteten regelmäßig große Schäden an. Die großflächige Ausbreitung der „Panamakrankheit" führte in den sechziger Jahren zur Vernichtung ganzer Plantagen und schließlich zum Anbau der gegen diese Krankheit resistenten „Cavendish-Bananen". Diese Bananensorte hat kleinere Stauden (3–4,5 m) und unregelmäßigere Formen der Büschel. Diese Büschel waren für den Schiffstransport äußerst ungeeignet, neben der Druckempfindlichkeit ein weiterer Grund für die Einführung der Kartonverschiffung. Aus dieser Gruppe der Cavendish-Bananen sind die Sorten „Dwarf Cavendish" und „Giant Cavendish" mit den Mutanten „Robusta", „Grande Naine" und „Valery" die bevorzugten Exportsorten. Da die Bananen jedoch unter Firmennamen vermarktet werden, sind die genauen Sorten und Mutanten wenig bekannt.

5.5 **Weitere Südfrüchte (Ananas, Avocados, Kiwis)**

Ananas

Bereits 1842 wird vom Handel mit Ananas von den Westindischen Inseln nach England berichtet, 1854 werden jährlich bereits 200.000 Stück Ananas nach London mit schnellen Schiffen transportiert. Die Ananas spielt im Seetransport eine untergeordnete Rolle, aber gerade in den vergangenen 10–15 Jahren sind die weltweiten Zuwachsraten im Export beachtlich gestiegen (Bild 5.13). In den Jahren 1991/92 betrug die jährliche Einfuhr von Frisch-Ananas in die BRD etwa 42.000/45.000 t von der Elfenbeinküste, Honduras, Costa Rica und der Dominikanischen Republik mit jeweils etwa einem Viertel der Menge. Sie hat sich in zehn Jahren etwa verdreifacht. In den Tabellen 5.11 und 5.12 sind die Einfuhrmengen und Einfuhrpreise für Ananas und einige andere Südfrüchte aufgeführt (Daten aus [46]).

Verkehrsmittel für Ananas sind Schiffe und Flugzeuge, mit dem Trend zum Schiff (Bild 5.14).

Da die Herkunftsländer gleich und die Ladungsbedingungen ähnlich sind, ist ein gemeinsamer Transport der Ananas und Bananen im Kühlschiff in verschiedenen Laderäumen möglich. Ansonsten sind Ananas im Kühlcontainer eine gefragte Beiladung, die von schnellen Kühlschiffen in 9–12 Tagen von Mittelamerika nach Europa an Deck transportiert werden [47].

Avocados

Die aus Zentralamerika stammende Avocado wird heute überwiegend in Mexiko, den USA, Brasilien, Chile, Israel, Kenia und Spanien angebaut und von hier aus exportiert [45]. 1990 wurden weltweit etwa 1,6 Mio. t Avocado produziert, nach Europa wurden 1991 ca. 130.000 t (ZMP)

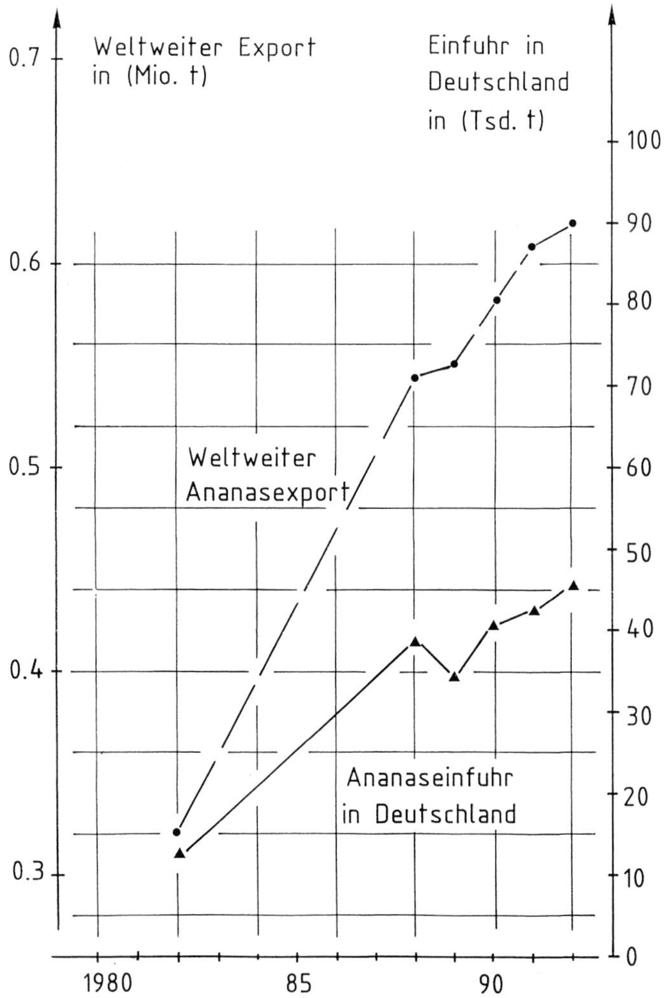

Bild 5.13: Weltweiter Ananasexport und Ananaseinfuhr in Deutschland von 1980–1992 [46]

importiert, davon etwa 9.400 t nach Deutschland (s. a. Tabellen 5.11, 5.12 und 5.13).

Für die Avocado ist Deutschland (Verzehr 0,1 kg/Kopf, Frankreich 1 kg/Kopf) ein Entwicklungsland, obwohl die Avocado ein hohes Potential für schnelle Verbreitung in sich birgt. Der für Früchte außerordentlich hohe Fettgehalt von 15–30 % (normaler Fettgehalt für Früchte ca. 0,5 %) prädestiniert die Avocado zu einer auch für Diabetiker wichtigen Diätfrucht. Das Fett ist im Gegensatz zu tierischen Fetten leicht verdaulich, die Frucht enthält kein Cholesterin und nur wenig Zucker (5–7 %) [45].

In den achtziger Jahren wurden in Frankreich Transportversuche in Kühlcontainern auf Schiffen durchgeführt, die nach anfänglichen Mißerfolgen wegen mangelnder Vorkühlung insgesamt als erfolgreich angesehen werden können. Die Transportdauer nach Europa für Avocados aus Südamerika und Afrika beträgt etwa 10–14 Tage, aus Mexiko etwa 12–18 Tage und aus Israel etwa sieben Tage [47, 48].

Bild 5.14: CRYSTAL PRIMADONNA (Reederei F. Laeisz) beim Löschen einer Schiffsladung Ananas aus Afrika mit eigenem Ladegeschirr in Antwerpen (sechs Paletten pro Lastspiel) (Foto K.-H. Hochhaus)

Kiwis

Die Kiwi hat in einer beispielhaften Entwicklung gezeigt, wie eine teure, unbekannte Südfrucht zu einer preiswerten begehrten Massenfrucht werden kann.

Die Heimat der Kiwi ist China, 1906 wurde sie in Neuseeland eingeführt, und seit 1953 erfolgen von hier Kiwiexporte. Die Produktionsmengen stiegen bis 1980 auf 17.000 t, und 1990 wurden bereits 230.000 t produziert, wovon etwa 80 % für den Export bestimmt waren [45]. Neuseeland gebührt die Ehre, diese Frucht in den Weltmarkt eingeführt zu haben. Obwohl sie im Verzehr nicht so einfach zu handhaben ist wie die Banane, führte besonders der hohe Vitamin-C-Gehalt (60–100 mg/100 g, mehr als Zitrusfrüchte) zu einer schnellen Verbreitung.

Erst erheblich später kultivierten andere Länder Kiwis für den Export, so z. B. Italien seit 1977 oder Frankreich, Griechenland, Spanien, Chile und Kalifornien. Italien hat Neuseeland inzwischen vom 1. Platz als Exportnation verdrängt, und etwa die Hälfte der deutschen Kiwieinfuhr (ca. 50.000 t) stammt aus Italien.

Der anfängliche Transport von Neuseeland wurde mit Flugzeugen durchgeführt, die schnell wachsenden Mengen führten zum Einsatz der Kühlcontainer und seit mehreren Jahren zum Transport in Kühlschiffen (Bilder 5.15 und 5.16).

5.6 Kernobst (Äpfel, Birnen, Weintrauben)

Bereits 1887 wurden von der GARONNE 1.300 Kisten Äpfel von Australien nach England gekühlt transportiert, nachdem 1884 der ungekühlte Transport mit der WARWICK zum Mißerfolg führte. 1892 erfolgten die ersten Exporte aus Südafrika, und bereits 1901 wurde in Kapstadt für diese Transporte ein Vorkühllager erstellt [1].

In [1] wird berichtet, daß ab 1920 Schiffstransporte von frischen Weintrauben durchgeführt wurden. Dabei wurden verschiedene Methoden erprobt wie z. B., die Stengel der Trauben aus Glasgefäßen mit Wasser zu versorgen. 1924 wurden Weintrauben für den Transport von Spanien nach London in Fässern verschifft, als Verpackungsmaterial verwendete man granulierten Kork.

Bild 5.15: Kiwis als Schiffsladung auf Paletten in Hamburg (Foto K.-H. Hochhaus)

Bild 5.16: Eine „Hieve" mit zwei Paletten Kiwis, die Löscharbeiten werden mit landseitigen Kränen durchgeführt (Foto K.-H. Hochhaus)

Bild 5.17: Äpfel und Weintrauben auf Paletten aus Südafrika werden aus dem Kühlladeraum (2. Deck) eines Kühlschiffes vom Winter-Typ entladen (Foto K.-H. Hochhaus)

Äpfel

Der Apfel gilt als Europas wichtigste Obstart und spielt auch als Kühlschiffsladung eine wichtige Rolle, besonders bei der Einfuhr (Bild 5.17), aber auch bei der Ausfuhr (Bild 5.18). So wurden 1991 etwa 840.000 t Tafeläpfel in die EU eingeführt, ca. 215.000 t aus Chile, ca. 200.000 t aus Südafrika, ca. 150.000 t aus Neuseeland und ca. 90.000 t aus Argentinien. In Schiffsladungen ausgedrückt sind das etwa 250 Schiffsladungen oder 80.000 Kühlcontainerladungen. Diese Äpfel von der südlichen Erdhalbkugel kommen etwa ab März/April und werden zum Teil unter CA verschifft.

Birnen

Die nach Europa importierte Birnenmenge lag 1991 bei ca. 260.000 t, wobei aus Südafrika 75.000 t, Chile ca. 60.000 t und Argentinien ca. 73.000 t kamen. In der Tabelle 5.12 sind die weltweiten und europäischen Exportdaten einiger Früchte aufgeführt. Daraus wird deutlich, daß in den letzten zehn Jahren die Exportzahlen von Äpfeln und Orangen nahezu konstant geblieben sind. Der Export von Grapefruits hat sich um 20 %, von Trauben um 50 % und von Bananen und Birnen um 100 % erhöht.

Weintrauben

Der Ursprung der Weintrauben liegt am Südrand des Kaspischen Meeres [45]. Mit den Semiten kamen die Rebstöcke zu den Phöniziern, die ihrerseits den Griechen und Spaniern die Kultur des Weines lehrten (Anbau und Alkoholdestillation). Die Römer übernahmen diese Kultur von den Griechen, und damit wurden in Gallien und Germanien ebenfalls Weinkulturen angelegt.

Heute werden Weintrauben auf allen Erdteilen geerntet, in Europa etwa 50 % der Welttraubenernte von 60–70 Mio. t pro Jahr. Etwa 10 % davon werden roh genossen (Tafeltrauben), der weit überwiegende Teil dient zur Herstellung von Süßmost, Schaumwein und Wein (Keltertrauben).

Der weltweite Tafeltraubenexport liegt bei 1,5–2 Mio. t pro Jahr, davon werden etwa 700.000 t mit dem Schiff transportiert.

Deutschland gilt als größter Käufer von Tafeltrauben (ca. 300.000–450.000 t/a) auf dem Weltmarkt, und es erfolgen Einfuhren je nach Jahreszeit aus Südafrika, Chile (ab Februar), Italien, Griechenland und Spanien im Herbst. Für den Schiffstransport besonders interessant sind die Tafeltraubentransporte von Chile, Südafrika, den USA und Argentinien. Nach Europa wurden 1993 etwa 350.000 t

Bild 5.18: Ausfuhr von deutschen Äpfeln auf Paletten in die GUS, hier werden die Zwischenräume zur Ladungssicherung mit aufblasbaren Säcken gepolstert (FRIO ANTARCTIC) (Foto K.-H. Hochhaus)

aus diesen Ländern eingeführt, nach Deutschland davon 78.000 t [46]. Der Transport erfolgt überwiegend mit dem Schiff, häufig gemeinsam mit Äpfeln, da ähnliche Transportbedingungen einzuhalten sind (Bild 5.17).

5.7 Steinobst (Aprikosen, Pfirsiche, Kirschen, Pflaumen)

Steinobst spielt im weltweiten Handel und Schiffstransport eine untergeordnete Rolle, ähnlich wie die Exoten. Es ist jedoch für Kühl- und Kühlcontainerschiffe eine interessante Ladung, die gut bezahlt wird.

Aprikosen

Die weltweite Aprikosenproduktion beträgt etwa 2 Mio. t pro Jahr, etwa die Hälfte davon wird in Europa von den Ländern Griechenland (100.00 t), Italien (190.000 t), Türkei (280.000 t), Frankreich (100.000 t) und Spanien (150.000 t) geerntet. Außerhalb Europas sind die USA, Südafrika und Chile bedeutende Exportländer [45].

Pfirsiche und Nektarinen

Die Produktion und der Handel von Pfirsichen und Nektarinen sind steigend. Die Produktion wuchs in den vergangenen zehn Jahren von etwa 7 Mio. t auf fast 10 Mio. t. In Europa wurden 1991 etwa 3,4 Mio. t geerntet, Hauptanbauländer sind Italien (1,4 Mio. t), Spanien (0,7 Mio. t), Griechenland (0,8 Mio. t) und Frankreich (0,4 Mio. t). Außerhalb Europas sind die USA (1,2 Mio. t), China und die GUS (beide 0,5 Mio. t), Japan, Argentinien, Chile und Südafrika wichtige Anbau- und Exportländer [46]. Der Pro-Kopf-Verbrauch in Deutschland liegt seit einigen Jahren bei ca. 4 kg.

Kirschen

Kirschen werden in Süß- und Sauerkirschen unterschieden, weltweit werden etwa 2 Mio. t geerntet. 80 % der Welternte stammen aus Europa, der Rest aus Nordamerika, Chile, Argentinien, Australien, Neuseeland und Südafrika. Die für die Kühlschiffahrt interessanten Kirschen aus Übersee sind selten, die Lagerfähigkeit ist begrenzt, und die Früchte sind sehr transportempfindlich. Als Lieferländer für Europa und Nordamerika sind Chile, Argentinien und Südafrika interessant. Wegen der kleinen Men-

Bild 5.19: Platzausnutzung von Bananen im „Break Bulk" im Laderaum eines Kühlschiffes (Foto K.-H. Hochhaus)

Bild 5.20: Gleiche Stelle mit aufgestellter „Side Shoring", die zum Palettentransport installiert wurde (Foto K.-H. Hochhaus)

gen und begrenzten Lagerdauer sind CA-Container, die von schnellen Kühlschiffen transportiert werden, die ideale Transportkombination.

Nach Deutschland wurden aus Überseeländern folgende Mengen eingeführt: 1991 (1990) Chile 120 t (66 t), Südafrika 26 t und den USA 250 t (211 t) [46].

Pflaumen

Die Welternte beträgt etwa 6 Mio. t mit der Reihenfolge Rumänien (1 Mio. t), China (550.000 t), Jugoslawien (550.000 t), USA (450.000 t) und Deutschland (400.000 t) [45].

Es gibt etwa 2.000 verschiedene Sorten, für den Handel besonders interessant sind die späten Sorten, da sie besser lagerfähig sind. Besonders wichtig für den Überseehandel ist wegen der kleinen Mengen der CA-Transport in Containern.

1991 (1990) wurden nach Deutschland etwa 4.500 t (2.800 t) Pflaumen und Zwetschen aus Überseeländern eingeführt, davon 1.950 t (1.420 t) aus Südafrika, 95 t (49 t) aus den USA und 2.500 t (1.150 t) aus Chile [46]. Diese Zahlen bedeuten erhebliche Steigerungen, die überwiegend auf CA-Transporte zurückzuführen sind.

5.8 **Verpackung und Paletten**

Vor mehr als zehn Jahren wurde der Siegeszug der Palette im Fruchttransport auch für die Bananen vorhergesagt [49]. Jetzt, mit Anwendung der kontrollierten Atmosphäre (CA), setzt sie sich auch hier durch. Beim Betreten auch modernster Kühlschiffe fällt auf, daß sie für den Palettentransport vorbereitet sind, Bananen als wichtigste Frucht im Seeverkehr nach Europa jedoch bisher weitgehend unpalettisiert transportiert werden. In den Bildern 5.19 und 5.20 wird der Unterschied im Platzbedarf deutlich, für den Palettentransport werden senkrechte Wände benötigt. Da schnelle Kühlschiffe jedoch nicht rechteckig gebaut werden, sind sogenannte „Side Shorings" notwendig.

Ein weiterer Grund ist jedoch, daß die internationale Standardpalette (Isopalette) im Seetransport mit 1 m x 1,2 m andere Abmessungen hat, als die in Europa übliche Euro-Palette mit 0,8 m x 1,2 m. Damit ist eine einfache Austauschbarkeit nicht gegeben, und an den Schnittstellen werden teilweise zusätzliche Arbeitsvorgänge und technische Einrichtungen notwendig, um die entsprechenden „Umpalettisierungen" durchzuführen.

Bild 5.21: Bananen auf Paletten werden im Schiff entpalettisiert und kartonweise über den Elevator 1 (Bildmitte) gelöscht (Foto K.-H. Hochhaus)

Bild 5.22: Automatische Palettisieranlage, hier werden Bananenkartons in Kaminstauweise gestapelt (Foto K.-H. Hochhaus)

Dieses Problem tritt besonders deutlich bei der Stauung und Logistik der Weiterverteilung der Bananen zutage, die nach dem Überseetransport in Reifekammern mit überwiegend Europapalettenmaß Einschränkungen bewirken. Das führte im Extremfall dazu, daß moderne Schiffe Bananen auf Paletten transportierten, die im Schiff entpalettisiert und als Karton gelöscht wurden (Bild 5.21). Nach dem Löschvorgang werden sie abhängig von der jeweiligen Reiferei in Block- oder Kaminstauweise (Bild 5.22) wieder palettisiert, jetzt allerdings auf Mehrwegpaletten.

Da Mehrwegpaletten (Poolpaletten) sich in der Kühlkette international noch nicht durchgesetzt haben, wird ein Teil der Bananen auf diese Paletten umgeladen und weitertransportiert. Der europäische und hier besonders der deutsche Handel fordert die Mehrwegpalette, ein Ergebnis der Verpackungsverordnung [50]. Die modernen Bananenreifereien sind in der Lage, kompakt gestaute Kartons (Blockstau, Bild 5.23) zu reifen, ältere Reifereien dagegen sind auf locker gestaute Kartons angewiesen (Kaminstau, Bild 5.24).

Die Früchte werden heute überwiegend in Well-Papp-Kartons verpackt, die Vorteile sind:

- geringes Gewicht
- preiswerte Herstellung
- Recyclingfähigkeit.

Bild 5.23: Palettisierte Bananen (Blockstauweise) auf einem Kühl-Lkw vor dem Start nach Rumänien (Foto K.-H. Hochhaus)

Bild 5.24: Bahntransport von palettisierten Bananen (Kaminstauweise) im belüfteten Isolierwaggon (Foto K.-H. Hochhaus)

Als Nachteile sind zu nennen:
- Feuchteempfindlichkeit
- geringe Stapelfähigkeit
- Einmalverwendung.

Die Kartons werden zur Handhabung und Ventilation mit Löchern versehen, um eine gute Durchkühlung, Abfuhr der Atmungswärme und Stoffwechselprodukte zu ermöglichen. Sie bestehen aus einteiligen oder mehrteiligen (Teleskopverpackung) Kartons mit oder ohne zusätzlicher Inneneinteilung oder Packpapier. Das Gesamtgewicht liegt zwischen 8–18 kg, zukünftig wird 15 kg angestrebt.

Bei den Kartons bestehen Unterschiede für den Transport im Flugzeug oder Schiff, da die Stapelhöhen unterschiedlich sind.

Die Abmessungen der Kartons sollten zu modulgerechten Außenmaßen führen, wie z. B. 0,6 m x 0,4 m oder 0,4 m x 0,3 m, damit sie ohne Platzverlust oder Überlappung auf den Euro-Paletten oder Isopaletten gestaut werden können.

Die obigen Nachteile der Well-Papp-Kartons lassen sich mittelfristig durch die Verwendung von Mehrwegverpackungen vermeiden, die sich in Europa mit Schwerpunkt Deutschland (Verpackungsverordnung) bei den Erzeugern und Vermarktungsgesellschaften zunehmend durchsetzen. Besonders im internationalen Kühlschiffs- und Kühlcontainerverkehr werden die Kühlgüter von Süd nach Nord transportiert. Die Rückfahrt erfolgt leer oder mit geringer Ladung. Daher ist es kostengünstiger und umweltfreundlicher, die Verpackungen zurückzutransportieren und mehrfach zu verwenden, als sie hier zu „entsorgen" und die Müllberge zu vergrößern. Derzeit erleben wir die Umstellung von Einweg- in Mehrwegverpackungen, und in 10–15 Jahren werden wir über die jetzigen Umstellungsschwierigkeiten lächeln.

Bild 5.25: Klappbare Mehrwegsteigen (Fa. IFCO) mit Äpfeln aus Argentinien im Schiffsladeraum, hier beim Löschen in Hamburg (Foto K.-H. Hochhaus)

Gruppe	1982	1983	1984	1985	1986	1987	1988	1989	1990	1991	1992
Bananen	6,8	6,1	6,6	7,1	7,3	7,5	7,8	8,3	9,0	9,9	10,4
Zitrus	6,1	6,2	6,6	5,7	6,3	6,5	6,8	7,0	6,9	6,8	7,1
Kernfrüchte	2,1	2,4	2,3	2,5	2,3	2,6	2,7	2,9	3,0	3,2	3,3
Fleisch	6,1	6,2	6,0	6,1	6,4	6,7	7,2	7,5	7,7	8,3	8,5
Fisch	1,8	1,9	2,2	2,7	2,9	3,4	3,9	4,0	4,1	4,4	4,9
Butter/Käse	1,0	0,9	1,0	1,0	1,1	0,9	0,9	0,9	1,0	1,1	1,2
Rest	0,2	0,2	0,3	0,3	0,3	0,3	0,5	0,6	0,7	0,8	0,9
Summe	24,2	23,9	24,4	25,5	26,6	28,0	30,0	31,4	32,5	34,7	36,4

Quelle: OSC/FAO

Tabelle 5.1: **Weltweiter Seetransport von Kühlgütern (in Mio. t)**

Ware	Niedr. Zuluft-temperatur ° C	Transportlager-temperatur (°C)	Zuläss. Schwan-kung ° C	Relative Feuchte in %
Ananas reif-grün		+ 10 bis + 12	± 0,5	85 - 90
reif		+ 5 bis + 7		
Apfelsinen		+ 4,5	± 0,5	85 - 90
Äpfel	- 2	- 0,5 bis + 1,5	± 0,5	85 - 90
Aprikosen	- 1,5	- 0,5	± 0,5	80 - 85
Avocadobirnen		+ 1 bis + 9	± 0,5	80 - 85
Bananen, grün	+ 11,5 (12,5)	+ 11,5 bis + 15	± 0,5	85
Birnen	- 2	- 0,5	± 0,5	85 - 90
Brombeeren		- 0,5	± 0,5	80 - 85
Erdbeeren	- 0,5	0	± 0,5	85 - 90
Grapefruits		+ 11	± 1,5	85 - 90
Heidelbeeren	- 2	- 0,5	± 0,5	85 - 90
Himbeeren	- 1	- 0,5	± 0,5	80 - 85
Kirschen	- 1	- 0,5	± 0,5	85 - 90
Lemonen		+ 11	± 0,5	85 - 90
Mangos		+ 11	± 0,5	85
Melonen		+ 12	± 1	75 - 85
Mirabellen	- 1,5	0	± 1	80 - 85
Pfirsiche	- 1,5	0	± 0,5	85 - 90
Pflaumen				
je nach Art	- 1	- 0,5 bis + 7	± 0,5	85 - 90
Preiselbeeren	+ 1	+ 3	± 0,1	90
Quitten	- 1,5	0	± 1	80 - 85
Reineclauden		0	± 0,5	85 - 90
Stachelbeeren		0 bis + 1		85 - 90
Trockenfrüchte		- 3 bis + 2		75 - 85
Weintrauben	- 1,5	- 0,5	± 0,5	80 - 85
Zitronen		+ 10 bis + 12		80 - 85

Tabelle 5.2a: **Daten für Frischobstlagerung aus [39]. Diese Daten sind grobe Anhaltswerte, da sie sortenabhängig unterschiedlich sind**

Gutart	Transport-temperatur (°C)	Gutart	Transport~temperatur (°C)
Aal	- 20	Fruchtsaft	- 20
Ananas	- 18	Geflügel	- 25...- 18
Apfelsaft	- 18...- 15	Grüne Bohnen	- 18
Apfelsinensaft	- 18	Heringe	- 30...- 22
Aprikosen	- 20	Himbeeren	- 18
Artischocken	- 20	Johannisbeeren	- 18
Auberginen	- 18	Kirschen	- 18
Birnen	- 18	Langustenschwänze	- 15
Brombeeren	- 18	Melonen	- 18
Butter	- 18...- 15	Mirabellen	- 20
Einschlageier	- 20...- 15	Pferdefleisch	- 12
Erbsen	- 18	Preiselbeeren	- 18
Erdbeeren	- 18	Reineclauden	- 20
Fett	- 20...- 15	Rhabarber	- 18
Fisch	- 30...- 17	Speiseeis	- 30...- 25
Fischtran	- 30...- 20	Spinat	- 20
Fleisch, Hammel	- 18...- 15	Stachelbeeren	- 18
Fleisch, Rind	- 23...- 20	Tomatenmark	- 18...- 15
Fleisch, Schwein	- 18... - 15	Tomatensaft	- 18...- 15
Fruchtpulp	- 18	Walfleisch	< - 15

Tabelle 5.2b: **Daten für Tiefkühllagerung** [39]

Ware	Spez. Wärme (kJ/kg C)	Wärmeproduktion in W/t bei 0° C	+5° C	+10° C	+15° C	+20° C
Ananas	3,7	—	5	17	41	79
Äpfel	3,6	9	26	48	100	150
Apfelsinen	3,8	10	17	29	47	69
Bananen, gelb	3,3	—	—	—	130	220
Bananen, grün	3,3	—	—	—	55	85
Birnen	3,7	12	30	65	90	100
Erdbeeren	3,8	40	74	130	190	250
Grapefruits	3,8	—	12	23	37	54
Gurken	4,1	—	—	56	120	160
Heidelbeeren	3,6	17	30	65	120	190
Kiwis	4,1	9	13	29	45	62
Mais	3,3	120	170	300	500	810
Paprika	4,0	25	50	95	180	290
Spargel	3,9	100 (60)	140	220 (150)	340	460
Tomaten	4,0	16	24	40	69	100
Zitronen	3,8	9	16	25	41	65

Tabelle 5.3: **Stoffwechseldaten für Früchte** [40]

Klimakterische Früchte	Nichtklimakterische Früchte
Äpfel	Ananas
Aprikosen	Erdbeeren
Avocados	Grapefruits
Bananen	Guaven
Birnen	Kirschen
Kiwis	Limetten
Mangos	Litschi
Papayas	Mandarinen
Pfirsiche	Orangen
Nektarinen	Trauben
Pflaumen	Zitronen

Tabelle 5.4: **Klimakterische und nichtklimakterische Früchte** [45]

Fleisch	1987	1988	1989	1990	1991	1992
Schwein	62.690	65.430	67.920	69.825	70.650	72.190
Rind	48.500	49.140	53.050	54.320	54.470	53.290
Geflügel	35.600	36.910	38.110	40.050	41.175	43.050
Hammel	6.340	6.445	9.290	9.750	9.950	9.900
Summe	153.130	157.925	168.360	173.940	176.250	178.430

Quelle: FAO, OSC

Tabelle 5.5: **Weltweite Fleischproduktion (in 1.000 t)**

Fleisch	1987	1988	1989	1990	1991	1992
Schwein	2.420	2.650	2.660	2.860	3.075	3.120
Rind	3.850	4.000	4.450	4.380	4.980	4.830
Geflügel	1.880	2.020	2.110	2.475	2.720	3.060
Hammel	930	860	850	825	850	930
Summe	9.080	9.530	10.070	10.540	11.625	11.940
Seetrans.	6.680	7.205	7.500	7.750	8.305	8.470
%	74	76	74	73	71	71

Quelle: FAO/OSC

Tabelle 5.6: **Weltweiter Fleischexport und Seetransport (in 1.000 t)**

	Kyrophile Mikroben	Mesophile Mikroben	Thermophile Mikroben
untere Grenztemp.*1	- 10 bis + 5° C	10 bis 15° C	45° C
ideale Temp.	15 bis 20° C	30 bis 35° C	50 bis 60° C
obere Grenztemp.*1	25 - 30° C	35 bis 40° C	75 bis 80° C

*1 Ende des Wachstums

Tabelle 5.7: **Temperaturabhängiges Wachstum von Mikroorganismen, aus** [40]

	Fangmenge	Handel	Kühlschiffstransport
1981	75	24	1,7
1982	77	26	1,8
1983	77	25	1,9
1984	84	28	2,1
1985	86	31	2,7
1986	93	33	2,9
1987	94	34	3,4
1988	99	36	3,9
1989	100	38	4,0
1990	97	37	4,1
1991	96	37	4,4
1992			4,9

Quelle: FAO/OSC

Tabelle 5.8: **Weltweiter Fang und Handel von Fischen. Schiffstransport von Tiefkühlfisch (in Mio. t)**

Jahr	Butter	Käse	Gesamt
1979/81	6,9	11,5	18,4
1983	7,7	12,4	20,1
1984	7,7	12,4	20,1
1985	7,6	13,1	20,7
1986	7,8	13,7	21,3
1987	7,4	13,7	21,1
1989	7,6	14,5	22,1
1990	7,8	14,5	22,3
1991	7,5	14,2	21,7
1992	7,5	14,5	22,0

Quelle: FAO/OSC

Tabelle 5.9: **Weltweite Produktion von Molkereiprodukten (in Mio. t)**

Name	Baujahr	TEU/R-TEU	Reederei	Linie, Fahrgebiet
Puritan	1983	572/572	F. Laeisz	MA-USA Golf
Edith L.	1990	868/868	Chiquita	MA-USA Golf
Francis L.	1991	868/868	Chiquita	MA-OK USA
Courtney L.	1992	868/868	Chiquita	MA-OK USA
Tropical Dawn	1983	380/380	Dole	MA-USA Golf
Tropical Light	1983	380/380	Dole	MA-USA Golf
Dole California	1989	910/839	Dole	WK SA-WK USA
Dole Ecuador	1989	910/839	Dole	WK SA-WK USA
Dole Costa Rica	1991	910/839	Dole	MA-OK USA
Dole Honduras	1991	910/839	Dole	MA-OK USA
Fort Royal	1979	1512/892	CGM	DOM-Europa
Fort Desaix	1980	1501/915	CGM	DOM-Europa
Fort Fleur d'Epe	1980	1512/892	CGM	DOM-Europa
Fort Saint Charles	1990	1501/915	CGM	DOM-Europa

Tabelle 5.10: **Kühlcontainerschiffe zum Bananentransport, oberer Tabellenteil Kühlcontainer (Integrated-), unterer Tabellenteil Isoliercontainer (Porthole-Container)** [43, 44]

Jahr	Dim.	Bananen	Ananas	Avocados	Kiwis	Papayas	Mangos Guaven
1990	DM/t	994,–	990,–	2.722,–	2.822,–	3.779,–	3.159,–
1991	DM/t	1.042,–	949,–	2.408,–	2.612,–	3.998,–	3.044,–
1990	t	1.171.571	40.530	8.435	103.857	2.108	6.356
1991	t	1.352.596	42.207	9.402	108.587	2.421	8.449

Quelle: ZMP

Tabelle 5.11: **Vergleich der Einfuhrmengen und Einfuhrpreise von Südfrüchten in die BRD in den Jahren 1990 und 1991**

Frucht	1986	1987	1988	1989	1990	1991	1992
Bananen	2.082	2.568	2.895	3.030	3.450	3.855	4.482
Ananas	202	239	250	231	271	284	289
Avocados	99	116	81	95	114	129	129
Mangos und Guaven	24	28	32	37	38	48	53
Tafeltrauben	69	94	128	130	159	171	195
Apfelsinen	913	888	962	904	918	923	858
kl. Zitrusfrüchte	157	169	135	132	151	174	175
Grapefruits	374	412	431	421	379	423	399
Pfirsiche und Nekt.	3	4	7	10	11	14	17
Tafeläpfel	491	543	602	596	643	839	849
Tafelbirnen	102	151	198	199	228	258	295

Quelle: ZMP

Tabelle 5.12: **Einfuhr von Früchten nach Europa (in 1.000 t)**

Frucht	1980	1990	1991	1992
Ananas	12.589	40.530	42.207	45.154
Avocados	1.612	8.435	9.402	10.017
Mangos	1.746	6.350	8.449	9.088
Papayas	139	2.109	2.421	2.694

Quelle: ZMP

Tabelle 5.13: **Einfuhr von Ananas, Avocados, Mangos und Papayas nach Deutschland (in t)**

6. Literatur

1 Threvenot, Roger:
A History of refrigeration througout the world International Institute of Refrigeration, Paris 1979

2 Ofterdinger, H.; Schröder, F. W.:
Seetransport von Kühlgütern
Handbuch der Kältetechnik, R. Plank, Karlsruhe 1962

3 Critchell, J. T.; Raymond, J.:
A History of the Frozen Meat Trade
Constable & Company LTD, London 1912

4 Prinzing, O.:
Schiffsladungskühlanlagen
VDI-Verlag, Berlin 1942

5 Skrodzki, J.; Brunner, U.:
Bananen, Konsequenzen des Geschmacks
Köln, St. Gallen 1988

6 Kludas, A.; Witthohn, R.:
Die deutschen Kühlschiffe
Köhler Verlag, Herford 1991

7 Prager, H. G.:
F. Laeisz, vom Frachtsegler bis zum Bulk Carrier
Koehlers Verlagsgesellschaft mbH, Herford 1974

8 Suhren, W.:
Die Bananenschiffahrt heute
Hansa, Sonderheft November 1965

9 Giese, F. E.:
Kleine Geschichte der deutschen Handelsschiffahrt
Haude & Spenersche Verlagsbuchhandlung, Berlin 1967

10 Seiler, O. J.:
Südamerikafahrt
Verlag E. S. Mittler & Sohn, Herford, Bonn

11 Detlefsen, G. U.; Kunze, F. W.:
Horn-Linie
DF Verlag, Bad Segeberg/Hamburg 1990

12 Hochhaus, K.-H.:
Aufgelegte Kühlschiffe
Schiffahrt International 02/94

13 Hochhaus, K.-H.:
Kühlschiffe und Kühlcontainer
Schiffsingenieurjournal 03/95

14 N. N.:
Schiffsliste, Verzeichnis der deutschen Reedereien und Seeschiffe
Verlagsbuchhandlung Eckardt & Messtorf, Hamburg 1994

15 N. N.:
Lloyd's Register (verschiedene Jahrgänge)
Lloyd's Register, London

16 Schneider, E.:
Schiffskühlanlagen für Sonderzwecke
Hansa, 76. Jahrgang, S. 433 ff.

17 Dohrmann, H.; Prinzing, O.:
MS PROTEUS und PERSEUS, die ersten Kühlschiffe der neuen deutschen Handelsflotte
Hansa, Nr. 5/1951

18 Brockmann, W.; Grüschel, A.; Meinert, R.; Klemm, K.:
Kühlschiff POLARLICHT
Hansa Nr. 22, 1964

19 N. N.:
Kühlmotorschiff BLUMENTHAL
Hansa Nr. 12, 1974

20 Linnow, A.; Lücke, M.; Lenk, L.:
Kühlschiff BLUMENTHAL ex HELENE JACOB
Hansa Nr. 4, 1984

21 Hinrichsen:
Erfolgreiche Kühlschiffserie HANSA BREMEN
STG-Sprechtag Berne 1991, STG-Jahrbuch 1991, Springer Verlag

22 N.N.:
Sechs neue „Crystal"-Kühlschiffe von der Boelwerft
Schiff & Hafen/Seewirtschaft, Heft 6/1992

23 Gödecke, H. J.:
MS KARL LIEBKNECHT, das neue Hochsee-Übernahme-Transport-Kühlschiff vom Typ POLAR
Seewirtschaft, Heft 3/1971

24 Taeger, H. J.; Sawade, A.:
9.350-tdw-Kühlschiff, Typ „KRISTALL II"
Seewirtschaft, Heft 7/1985

25 N. N.:
Erstes Kühlschiff der „Snow"-Klasse abgeliefert
Schiff & Hafen, Heft 5/1973

26 N. N.:
Gotaverken Öresundvarvet und Arendal
Schiff & Hafen/Kommandobrücke, Heft 4/1979

27 N. N.:
The first of a series of six Chiquita reefer vessels delivered from Danyard
Hansa Nr. 23/24, 1991

28 Hochhaus, K.-H.:
Neue Kühlschiffe mit Ammoniakkälteanlagen
Ki Luft- und Kältetechnik 4/1994

29 9 Autoren:
Transport von Früchten unter CA
CA-Tagungsbericht, 1994, Technische Universität Hamburg-Harburg, Arbeitsbereich Hilfsmaschinen und Automation (Herausgeber K.-H. Hochhaus)

30 Berard, J. E.:
Abhandlung über das Reifwerden von Obst
Jahrbücher der Chemie und Physik, 1821
31 Scharnow, R.:
Seetransport von Kühl- und Gefriergut 1991
Hamburg, Sozialwerk für Seeleute
32 Prinzing, O.:
Einige aktuelle Fragen aus dem Gebiet der Schiffskältetechnik
STG-Jahrbuch, 47. Band 1953, Springer Verlag, Berlin-Heidelberg-Göttingen
33 Rodermund, S.:
Auslegungskriterien für Kälteanlagen von Kühlschiffen
Vortrag beim 26. Fortbildungskurs, 1991, Hamburg (Kontaktstudium)
34 Wild, Y.:
Systemtechnische Untersuchungen zum Einsatz Kontrollierter Atmosphäre (CA) für die Ladungsbehandlung auf Kühlschiffen und Containerschiffen
Dissertation, Technische Universität Hamburg-Harburg, Arbeitsbereich Hilfsmaschinen und Automation, 1993
35 Gane, R.:
A study of the respiration of bananas
New Phytologist, 1936
36 Gane, R.; Forlong, C. R.; Robinson, J. E.; Shepherd, H. J.:
The refrigerated gas-storage of Gros Michel bananas
Her Majesty's Stationery Office, London 1953
37 Mapson, L. W.; Robinson, J. E.:
Relation between oxygen tension, biosynthesis of Ethylen respiration and ripening changes in banana fruits
J. Fa. Techn. 1/1966
38 Bohling, H.:
Früchte unter kontrollierten Atmosphären
Transport von Früchten unter CA, 1994 (s. [29])
39 Becker, R.:
Gründe für den Kühl- oder Gefriertransport leicht verderblicher Lebensmittel
New Ships/Die Neubauten, Heft 2/1971
40 N.N.:
Food Transport, Fish, Meat and Dainy Products
Mercantila Publishers, Denmark 1989
41 N.N.:
Kühlschiffe SOUTHLAND STAR und NEW ZEALAND STAR
Hansa Nr. 20, 1967
42 N.N.:
Reefer Trading Prospects to 2000
Ocean Shipping Consultants Ltd., London 1994
43 N.N.:
Reefer Container Market
Drewry Shipping Consultants Ltd., London 1990
44 Hochhaus, K.-H.:
Kälteanlagen auf Schiffen
in: „Lehrbuch der Kältetechnik“, C. F. Müller-Verlag, Heidelberg 1996
45 Daßler, E.; Heitmann, G.:
Obst und Gemüse
Verlag Paul Parey, Berlin und Hamburg 1991
46 Schickel, W.; Ellinger, W. et al.:
ZMP Bilanz Obst
ZMP Bonn 1993, 1994, 1995
47 Gottwald, C.:
Ferntransport von tropischem Obst
Institut für Obstbau und Baumschule, Universität Hannover 1992
48 Muchiri, C. W.:
An investigation into the constraints and opportunities facing the marketing of Kenyan grown avocados in the UL
Studienarbeit am Cranfield Institute of Technology 1991
49 N.N.:
Palletization and Containerisation of Bananas
Report UNCTAD, Geneva 1982
50 N.N.:
Verordnung über die Vermeidung von Verpackungsabfällen
BGBL I, 1991, 1234

7. Anhang

Im Anhang sind die Kühlschiffe unter deutscher Flagge mit Namen, Baujahr, Vermessung (BRT), Reederei und Bauwerft aufgeführt. Dabei wurden die Daten aus [6] und [14] direkt übernommen, ohne Korrektur oder Rundung. Zum besseren Auffinden wurden drei Listen erstellt und alphabetisch, nach Alter sowie nach der Vermessung geordnet.

Anhang 1: Kühlschiffsliste, alphabetisch geordnet

Name	Baujahr	BRT	Reederei	Bauwerft / (vorheriger Name, Jahr d. Umbennung)
Ahrensburg	1939	2938	H. Schuldt, HH	Burmeister & Wain, Kopenhagen
Ahrensburg	1955	3062	H. Schuldt, HH	Kieler Howaldtswerke AG, Kiel
Ahrensburg	1966	5531	H. Schuldt, HH	Kieler Howaldtswerke AG, Kiel
Alasca	1968	4889	Intermare, M/HH	Drammen Slip & Verksted, Drammen
Alascacore	1968	4889	Intermare, M/HH	Drammen Slip & Verksted, Drammen
Aldenburg	1958	2792	H. Schuldt, HH	Valmet Oy Pansion Telakka, Turku
Aldenburg	1969	5753	H. Schuldt, HH	Howaldtswerke-Deutsche Werft AG, Hamburg/Kiel
Alexander von Humboldt	1959	2124	Hamburg-Süd, HH	J. J. Sietas Schiffswerft, Hamburg
Algor (K.-R.)	1959	2123	F. Laeisz, HH	(s. Bodetal 1960)
Alsterblick	1959	2851	R. M. Sloman, HH	Blohm & Voss, Hamburg
Alsterkamp	1949	3180	R. M. Sloman, HH	Öresundsvarvet, Landskrona
Alstertor	1938	3039	R. M. Sloman, HH	Öresundsvarvet, Landskrona
Alstertor	1952	2460	R. M. Sloman, HH	Deutsche Werft AG, Hamburg
Alsterufer	1939	2729	R. M. Sloman, HH	Eriksberg M. V., Göteborg
Alsterufer	1954	2683	R. M. Sloman, HH	Blohm & Voss, Hamburg
Amalienburg	1955	3814	H. Schuldt, HH	Bremer Vulkan, Vegesack
Angelburg	1938	3069	H. Schuldt, HH	Öresundsvarvet, Landskrona
Angelburg	1951	2902	H. Schuldt, HH	Kieler Howaldtswerke AG, Kiel
Angelburg	1966	5532	H. Schuldt, HH	Kieler Howaldtswerke AG, Kiel
Anona	1975	8191	Intermare, M/HH	Nylands Verksted, Oslo
Anonacore	1969	8191	Intermare, M/HH	Nylands Verksted, Oslo
Anonarcore	1969	8191	Core, HH	Nylands Verksted, Oslo
Antarctic	1975	4897	Intermare, M/HH	Drammen Slip & Verksted, Drammen
Antarcticore	1969	4897	Intermare, M/HH	Drammen Slip & Verksted, Drammen
Antoinette Castro	1959	852	Tuna, HH	(s. Irmgard Horn 1969)
Artlenburg	1959	2788	H. Schuldt, HH	Valmet Oy Pansion Telakka, Turku
Artlenburg	1968	5754	H. Schuldt, HH	Howaldtswerke-Deutsche Werft AG, Hamburg/Kiel
Asseburg	1959	2993	H. Schuldt, HH	KIELER Howaldtswerke AG, Kiel
Asseburg	1967	5531	H. Schuldt, HH	KIELER Howaldtswerke AG, Kiel
Augustenburg	1933	3639	H. Schuldt, HH	A / B Götaverken, Göteborg
Augustenburg	1965	4679	H. Schuldt, HH	Howaldtswerke Hamburg AG, Hamburg
Babitonga	1959	2124	Hamburg-Süd, HH	(s. Alexander von Humboldt 1965)
Bering	1970	6682	Frigomaris, HH	Drammen Slip & Verksted, Drammen
Beringcore	1970	6682	Frigomaris, HH	Drammen Slip & Verksted, Drammen
Bilbao	1922	2440	OPDR, HH/Oldb.	Norddeutsche Werft GmbH, Geestemünde
Blexen	1932	6692	Union, HB	Newport News S. B. & D. D. Co.,Newport News
Blumenthal	1932	6698	Union, HB	Newport News S. B. & D. D. Co.,Newport News
Blumenthal	1973	8729	Union, HB	Howaldtswerke-Deutsche Werft AG, Hamburg/Kiel
Bodetal	1959	2121	J. A. Reinecke, HB	Hanseatische Werft, Hamburg
Brake	1920	5347	Union, HB	Cammell Laird & Co., Birkenhead
Brake	1949	3172	Union, HB	A / B Oskarshamns Varv, Oskarshamn
Bremerhaven	1921	5355	Union, HB	Workman, Clark & Co., Belfast
Bremerhaven	1955	3111	Union, HB	Bremer Vulkan, Vegesack
Bremerhaven	1975	8413	Union, HB	Drammen Slip & Verksted, Drammen
Brunsberg	1960	2828	W. Bruns & Co, HH	Öresundsvarvet, Landskrona
Brunsberg	1945	4321	W. Bruns & Co, HH	N. V. Verschure, Amsterdam
Brunsbüttel	1955	3120	W. Bruns & Co, HH	Kieler Howaldtswerke AG, Kiel
Brunsbüttel	1963	4703	W. Bruns & Co, HH	Howaldtswerke Hamburg AG, Hamburg
Brunsbüttel	1968	4623	W. Bruns & Co, HH	Howaldtswerke-Deutsche Werft AG, Hamburg/Kiel
Brunsdeich	1961	3227	W. Bruns & Co, HH	Kieler Howaldtswerke AG, Kiel
Brunsdeich	1965	4707	W. Bruns & Co, HH	Lübecker Flenderwerke AG, Lübeck
Brunseck	1959	3105	W. Bruns & Co, HH	Kieler Howaldtswerke AG, Kiel
Brunseck	1964	4700	W. Bruns & Co, HH	Lübecker Flenderwerke AG, Lübeck
Brunsgard	1964	4702	W. Bruns & Co, HH	Howaldtswerke Hamburg AG, Hamburg
Brunshausen	1955	3129	W. Bruns & Co, HH	Kieler Howaldtswerke AG, Kiel
Brunshausen	1963	4698	W. Bruns & Co, HH	Blohm & Voss AG, Hamburg
Brunshausen	1967	4623	W. Bruns & Co, HH	Howaldtswerke Hamburg AG, Hamburg

Brunshoeft	1966	4639	W. Bruns & Co, HH	Rheinstahl Nordseewerke, Emden
Brunsholm	1959	3138	W. Bruns & Co, HH	Kieler Howaldtswerke AG, Kiel
Brunsholm	1964	4701	W. Bruns & Co, HH	Blohm & Voss, Hamburg
Brunskamp	1933	4679	W. Bruns & Co, HH	s. Augustenburg Bauj. 1933
Brunskoog	1963	4699	W. Bruns & Co, HH	Lübecker Flenderwerke AG, Lübeck
Brunskappel	1964	4701	W. Bruns & Co, HH	Lübecker Flenderwerke AG, Lübeck
Brunsland	1963	4679	W. Bruns & Co, HH	Blohm & Voss, Hamburg
Brunsland	1972	9741	W. Bruns & Co, HH	Nylands Verkstad, Oslo
Brunsrode	1968	4749	W. Bruns & Co, HH	Lübecker Flenderwerke AG, Lübeck
Brunstal	1959	2822	W. Bruns & Co, HH	N. V. Verschure, Amsterdam
Brunstor	1966	4639	W. Bruns & Co, HH	Rheinstahl Nordseewerke, Emden
Brunswick	1956	3128	W. Bruns & Co, HH	Stülcken Sohn, Hamburg
Brunswick	1968	4749	W. Bruns & Co, HH	Lübecker Flenderwerke AG, Lübeck
Calor (K.-R.)	1959	2117	F. Laeisz, HH	(s. Okertal 1968)
Cap Corrientes	1958	4106	Hamburg-Süd, HH	Kieler Howaldtswerke AG, Kiel
Cap Domingo	1958	2879	Hamburg-Süd, HH	Kieler Howaldtswerke AG, Kiel
Cap Valiente	1959	2879	Hamburg-Süd, HH	Kieler Howaldtswerke AG, Kiel
Cape Cod	1990	6419	Hanse Bereederung, HH	Shanghai Shipyard, Shanghai
Cape Cavo	1991	6419	Hanse Bereederung, HH	Shanghai Shipyard, Shanghai
Caribia	1952	1164	Globus, HH	Mützefeldwerft, Cuxhaven
Carl Schurz	1912	6001	HAPAG, HH	(s. Karl Schurz 1913)
Caroline Horn	1960	1360	Heinrich C. Horn, HH	J.J. Sietas Schiffswerft, Hamburg
Cherry	1971	9694	Frigomaris, HH	Nylands Verkstad, Oslo
Claus Horn	1958	1032	Heinrich C. Horn, HH	Schlichting - Werft Travemünde
Clementina	1970	8191	Frigomaris, HH	Bergens Mekaniske Verksted, Bergen
Consul Horn	1957	428	Heinrich C. Horn, HH	J.J. Sietas Schiffswerft, Hamburg
Dora Horn	1958	428	Heinrich C. Horn, HH	J.J. Sietas Schiffswerft, Hamburg
Elsfleth	1961	4555	Union, HB	Chant. Navals d. Flandres, Brügge
Emil L. Boas	1912	6014	HAPAG, HH	Swan, Hunter & Wigh. Richardson, Newcastle
Ernst Moritz Arndt	1973	6684	DSR, HR	Smith´s Dock Co., Middelsbroutgh
F. Freiligrath	1967	5590	DSR, HR	(s. Parma 1974)
Fährmannsand	1967	1733	A. F. Harmstorf, HH	Schlichting - Werft, Travemünde
Fritz Reuter	1947	4850	DSR, HR	Rickmers Werft, Bremerhaven,
Fritz Reuter	1964	6310	DSR, HR	Frederiksstad M. V., Frederiksstad
G. Weerth	1967	5565	DSR, HR	(s. Padua 1974)
Gerhart Hauptmann	1973	6680	DSR, HR	Joh. C. Tecklenborg, Geestemünde
Greenland	1970	6682	Frigomaris, HH	Drammen Slip & Verksted, Drammen
Guava	1968	8185	Südlinie/Südstern, M/HH	(s. Guavacore 1974)
Guavacore	1968	8185	Frigomaris, HH	Akers Mekaniske Verksted, Oslo
Güldensand	1960	1485	A. F. Harmstorf, HH	Schlichting - Werft, Travemünde
Güldensand	1966	1485	E. Hemmersam, HL	Schlichting - Werft, Travemünde
Hansa Bremen	1989	10842	Leonhardt & Blumbg., HH	Bremer Vulkan, Bremen
Hansa Lübeck	1990	10842	Leonhardt & Blumbg., HH	Bremer Vulkan, Bremen
Hansa Stockholm	1991	10842	Leonhardt & Blumbg., HH	Bremer Vulkan, Bremen
Hansa Visby	1989	10842	Leonhardt & Blumbg., HH	Bremer Vulkan, Bremen
Harald Horn	1960	1359	Heinrich C. Horn, HH	J. J. Sietas Schiffswerft, Hamburg
Heinrich Heine	1975	9170	DSR, HR	Framnaes Mekan. Vaerksted, Sandefjord
Heinz Horn	1958	696	Heinrich C. Horn, HH	J. J. Sietas Schiffswerft, Hamburg
Helene Jacob	1983	9417	Ernst Jacob, Flensburg	Flender Werft, Lübeck
Henry Horn	1957	389	Heinrich C. Horn, HH	Schlichting -Werft, Travemünde
Herbert Horn	1959	499	Heinrich C. Horn, HH	J. J. Sietas Schiffswerft, Hamburg
Hilde Horn	1959	1137	Heinrich C. Horn, HH	J. J. Sietas Schiffswerft, Hamburg
Hildegard	1958	1352	URAG, HB	Elsflether Werft AG, Elsfleth
Hornbay	1955	2840	Horn-Linie, HH	Deutsche Werft AG, Hamburg
Horncap	1955	2842	Horn-Linie, HH	Deutsche Werft AG, Hamburg
Horndeich	1960	3369	Horn-Linie, HH	Deutsche Werft AG, Hamburg
Hornkoog	1959	3357	Horn-Linie, HH	Deutsche Werft AG, Hamburg
Iceland	1971	6676	Frigomaris, HH	Drammen Slip & Verksted, Drammen

Ingrid Horn	1958	561	Heinrich C. Horn, HH	J. J. Sietas Schiffswerft, Hamburg
Irmgard Horn	1959	852	Heinrich C. Horn, HH	J. J. Sietas Schiffswerft, Hamburg
Jogela	1968	499	Tünnecke, HB	At. & Chantier. du Havre,
John Brinckman	1947	4859	DSR, HR	Forges et Chant. de la Mediterran. La Seyne
John Brinckman	1964	6313	DSR, HR	Öresundsvarvet, Landskrona
Joquita	1968	500	Tünnecke, HB	At. & Chantier. du Havre,
Karl Schurz	1912	6001	HAPAG, HH	Swan, Hunter & Wigh. Richardson, Newcastle
Lühesand	1967	1667	A. F. Harmstorf, HH	Schlichting - Werft, Travemünde
Luise Horn	1961	887	Heinrich C. Horn, HH	J. J. Sietas Schiffswerft, Hamburg
Lupita Castro	1958	791	Tuna, HH	(s. Dora Horn 1968)
Maria Castro	1968	790	Tuna, HH	Stadt Schleswig
Marie Horn	1958	696	Heinrich C. Horn, HH	J. J. Sietas Schiffswerft, Hamburg
Medemsand	1963	1525	A. F. Harmstorf, HH	Schlichting - Werft, Travemünde
Mimi Horn	1957	389	Heinrich C. Horn, HH	Schlichting - Werft, Travemünde
Minden	1964	4777	Union, HB	Rickmers Werft, Bremerhaven
Morillo	1971	9697	Frigomaris, HH	Bergens Mekaniske Verksted, Oslo
Navelina	1970	8190	Frigomaris, HH	(s. Navelinacore 1975)
Navelinacore	1970	8190	Frigomaris, HH	Bergens Mekaniske Verksted, Oslo
Nectarine	1969	8190	Frigomaris, HH	(s. Nectarinacore 1975)
Nectarinecore	1969	8190	Frigomaris, HH	Bergens Mekaniske Verksted, Oslo
Nienburg	1964	4566	Union, HB	Bremer Vulkan, Vegesack
Nordenham	1914	4952	Union, HB	ex Pionier, Joh. C. Tecklenborg, Geestemünde
Nordenham	1955	3111	Union, HB	Bremer Vulkan, Vegesack
Nordenham	1914	4952	Midgard, HH	ex Pionier, Joh. C. Tecklenborg, Geestemünde
Nordland	1971	6677	Frigomaris, HH	Drammen Slip & Verksted, Drammen
Okertal	1959	2117	J. A. Reinecke, HB	Hanseatische Werft, Hamburg
Oldenburg	1914	4595	Union, HB	ex Pungo, Joh. C. Tecklenborg, Geestemünde
Oldenburg	1914	4595	Midgard, HH	ex Pungo, Joh. C. Tecklenborg, Geestemünde
Padua	1967	5590	F. Laeisz, HH	Scott´s Shipbuilding & Eng. Co, Greenock
Pagensand	1966	1733	A. F. Harmstorf, HH	Schlichting - Werft, Travemünde14
Palime	1937	2863	F. Laeisz, HH	Deutsche Werft AG, Hamburg
Panther	1930	1998	F. Laeisz, HH	Bremer Vulkan, Vegesack
Panther	1939	3457	F. Laeisz, HH	Deutsche Werft AG, Hamburg
Parma	1967	5590	F. Laeisz, HH	Scott´s Shipbuilding & Eng. Co, Greenock
Parthenon	1956	2659	F. Laeisz, HH	Deutsche Werft AG, Hamburg
Pecan	1970	8197	Frigomaris, HH	Nylands Verksted, Oslo
Pegasus	1951	2905	F. Laeisz, HH	Kieler Howaldtswerke AG, Kiel
Pekari	1966	4918	F. Laeisz, HH	Deutsche Werft AG, Hamburg
Pelikan	1934	3264	F. Laeisz, HH	Bremer Vulkan, Vegesack
Pentelikon	1960	4747	F. Laeisz, HH	Deutsche Werft AG, Hamburg
Perikles	1954	2721	F. Laeisz, HH	Deutsche Werft AG, Hamburg
Perseus	1951	2860	F. Laeisz, HH	Deutsche Werft AG, Hamburg
Persimmon	1966	4914	F. Laeisz, HH	Deutsche Werft AG, Hamburg
Pica	1966	4915	F. Laeisz, HH	Howaldtswerke Hamburg AG, Hamburg
Pionier	1914	3601	F. Laeisz, HH	Joh. C. Tecklenborg, Geestemünde
Pionier	1933	3285	F. Laeisz, HH	Bremer Vulkan,Vegesack
Piräus	1954	2658	F. Laeisz, HH	Deutsche Werft AG, Hamburg
Pirol	1966	4914	F. Laeisz, HH	Howaldtswerke Hamburg AG, Hamburg
Polar Argentina	1967	5623	Hamburg-Süd, HH	Blohm & Voss, Hamburg
Polar Brasil	1967	5623	Hamburg-Süd, HH	Blohm & Voss, Hamburg
Polar Colombia	1967	5623	Hamburg-Süd, HH	Blohm & Voss, Hamburg
Polar Costa Rica	1979	9996	Hamburg-Süd, HH	Lübecker Flenderwerke AG, Lübeck
Polar Ecuador	1967	5617	Hamburg-Süd, HH	Blohm & Voss, Hamburg
Polar Honduras	1978	9996	Hamburg-Süd, HH	Lübecker Flenderwerke AG, Lübeck
Polar Paraguay	1968	5637	Hamburg-Süd, HH	Blohm & Voss, Hamburg
Polar Uruguay	1968	5636	Hamburg-Süd, HH	Blohm & Voss, Hamburg
Polarlicht	1964	4851	Hamburg-Süd, HH	Blohm & Voss, Hamburg
Polarstern	1964	4970	Hamburg-Süd, HH	Deutsche Werft AG, Hamburg

Pomona	1938	3457	F. Laeisz, HH	Deutsche Werft AG, Hamburg
Pongal	1964	5435	F. Laeisz, HH	Deutsche Werft AG, Hamburg
Pontos	1935	3410	F. Laeisz, HH	Bremer Vulkan, Vegesack
Portunus	1955	3057	F. Laeisz, HH	Kieler Howaldtswerke AG, Kiel
Priamos	1958	3027	F. Laeisz, HH	Kieler Howaldtswerke AG, Kiel
Proteus	1951	2860	F. Laeisz, HH	Deutsche Werft AG, Hamburg
Puma	1930	1998	F. Laeisz, HH	Bremer Vulkan, Vegesack
Puna	1963	5435	F. Laeisz, HH	Deutsche Werft AG, Hamburg
Pungo	1914	3602	F. Laeisz, HH	Joh. C. Tecklenborg, Geestemünde
Python	1935	3664	F. Laeisz, HH	Deutsche Werft AG, Hamburg
Quadriga	1936	3386	W. Bruns & Co, HH	A / B Götaverken, Göteborg
Quadrivium	1952	2989	W. Bruns & Co, HH	Lübecker Flenderwerke AG, Lübeck
Quartett	1955	3198	W. Bruns & Co, HH	Lübecker Flenderwerke AG, Lübeck
Quartole	1952	2988	W. Bruns & Co, HH	Lübecker Flenderwerke AG, Lübeck
Rungholtsand	1961	1524	A. F. Harmstorf, HH	Schlichting - Werft, Travemünde
Sarnia	1892	3402	HAPAG, HH	Blohm & Voss, Hamburg
Satsumacore	1970	8190	Intermare, M/HH	Bergens Mekaniske Verksted, Oslo
Satsume	1970	8190	Intermare, M/HH	(s. Satsumacore 1975)
Sibiria	1894	3535	HAPAG, HH	Blohm & Voss, Hamburg
Sloman Alsterpark	1968	4915	R. M. Sloman, HH	Howadtswerke-Deutsche Werft AG, Hamburg/Kiel
Sloman Alstertor	1967	4915	R. M. Sloman, HH	Howadtswerke-Deutsche Werft AG, Hamburg/Kiel
Stadt Schleswig	1958	428	Heinrich C. Horn, HH	J. J. Sietas Schiffswerft, Hamburg
Sultana	1970	8190	Frigomaris, HH	Bergens Mekaniske Verksted, Oslo
Therese Horn	1957	428	Heinrich C. Horn, HH	J. J. Sietas Schiffswerft, Hamburg
Tinito Castro	1959	1137	Tuna, HH	(s. Hilde Horn 1969)
Ulm	1937	3071	NDL, HB	Danziger Werft AG, Danzig
Ursula H.	1959	1362	Heinrich C. Horn, HH	J. J. Sietas Schiffswerft, Hamburg
Ursula Horn	1959	1362	Heinrich C. Horn, HH	J. J. Sietas Schiffswerft, Hamburg
Vegesack	1911	4061	Union, HB	Stephen & Sons, Glasgow
Vegesack	1959	3143	Union, HB	Bremer Vulkan, Vegesack
Waldtraud Horn	1958	1022	Heinrich C. Horn, HH	Schlichting - Werft, Travemünde
Walter Jacob	1983	9417	Ernst Jacob, Flensburg	Flender Werft, Lübeck
Wesermünde	1920	5356	Union, HB	Workman, Clark & Co., Belfast
Wesermünde	1959	3139	Union, HB	Bremer Vulkan, Vegesack

PROTEUS (Foto: Ernst E. Rinke, Sammlung Deutsches Schiffahrtsmuseum, Bremerhaven)

Blick in den Brückenbereich eines Kühlschiffes (Foto K.-H. Hochhaus)

Anhang 2: Kühlschiffsliste, nach Alter geordnet

Name	Bauj.	BRT	Reederei	Bauwerft / (vorheriger Name, Jahr d. Umbennung)
Sarnia	1892	3402	HAPAG, HH	Blohm & Voss, Hamburg
Sibiria	1894	3535	HAPAG, HH	Blohm & Voss, Hamburg
Vegesack	1911	4061	Union, HB	Stephen & Sons, Glasgow
Carl Schurz	1912	6001	HAPAG, HH	(s. Karl Schurz 1913)
Emil L. Boas	1912	6014	HAPAG, HH	Swan, Hunter & Wigh. Richardson, Newcastle
Karl Schurz	1912	6001	HAPAG, HH	Swan, Hunter & Wigh. Richardson, Newcastle
Nordenham	1914	4952	Union, HB	ex Pionier, Joh. C. Tecklenborg, Geestemünde
Nordenham	1914	4952	Midgard, HH	ex Pionier, Joh. C. Tecklenborg, Geestemünde
Oldenburg	1914	4595	Union, HB	ex Pungo, Joh. C. Tecklenborg, Geestemünde
Oldenburg	1914	4595	Midgard, HH	ex Pungo, Joh. C. Tecklenborg, Geestemünde
Pionier	1914	3601	F. Laeisz, HH	Joh. C. Tecklenborg, Geestemünde
Pungo	1914	3602	F. Laeisz, HH	Joh. C. Tecklenborg, Geestemünde
Brake	1920	5347	Union, HB	Cammell Laird & Co., Birkenhead
Wesermünde	1920	5356	Union, HB	Workman, Clark & Co., Belfast
Bremerhaven	1921	5355	Union, HB	Workman, Clark & Co., Belfast
Bilbao	1922	2440	OPDR, HH/Oldb.	Norddeutsche Werft GmbH, Geestemünde
Panther	1930	1998	F. Laeisz, HH	Bremer Vulkan, Vegesack
Puma	1930	1998	F. Laeisz, HH	Bremer Vulkan, Vegesack
Blexen	1932	6692	Union, HB	Newport News S. B. & D. D. Co., Newport News
Blumenthal	1932	6698	Union, HB	Newport News S. B. & D. D. Co., Newport News
Augustenburg	1933	3639	H. Schuldt, HH	A / B Götaverken, Göteborg
Brunskamp	1933	4679	W. Bruns & Co, HH	s. Augustenburg Bauj. 1933
Pionier	1933	3285	F. Laeisz, HH	Bremer Vulkan,Vegesack
Pelikan	1934	3264	F. Laeisz, HH	Bremer Vulkan, Vegesack
Pontos	1935	3410	F. Laeisz, HH	Bremer Vulkan, Vegesack
Python	1935	3664	F. Laeisz, HH	Deutsche Werft AG, Hamburg
Quadriga	1936	3386	W. Bruns & Co, HH	A / B Götaverken, Göteborg
Palime	1937	2863	F. Laeisz, HH	Deutsche Werft AG, Hamburg
Ulm	1937	3071	NDL, HB	Danziger Werft AG, Danzig
Alstertor	1938	3039	R. M. Sloman, HH	Öresundsvarvet, Landskrona
Angelburg	1938	3069	H. Schuldt, HH	Öresundsvarvet, Landskrona
Pomona	1938	3457	F. Laeisz, HH	Deutsche Werft AG, Hamburg
Ahrensburg	1939	2938	H. Schuldt, HH	Burmeister & Wain, Kopenhagen
Alsterufer	1939	2729	R. M. Sloman, HH	Eriksberg M. V., Göteborg
Panther	1939	3457	F. Laeisz, HH	Deutsche Werft AG, Hamburg
Brunsberg	1945	4321	W. Bruns & Co, HH	N. V. Verschure, Amsterdam
Fritz Reuter	1947	4850	DSR, HR	Rickmers Werft, Bremerhaven,
John Brinckman	1947	4859	DSR, HR	Forges et Chant. de la Mediterran. La Seyne
Alsterkamp	1949	3180	R. M. Sloman, HH	Öresundsvarvet, Landskrona
Brake	1949	3172	Union, HB	A / B Oskarshamns Varv, Oskarshamn
Angelburg	1951	2902	H. Schuldt, HH	Kieler Howaldtswerke AG, Kiel
Pegasus	1951	2905	F. Laeisz, HH	Kieler Howaldtswerke AG, Kiel
Perseus	1951	2860	F. Laeisz, HH	Deutsche Werft AG, Hamburg
Proteus	1951	2860	F. Laeisz, HH	Deutsche Werft AG, Hamburg
Alstertor	1952	2460	R. M. Sloman, HH	Deutsche Werft AG, Hamburg
Caribia	1952	1164	Globus, HH	Mützefeldwerft, Cuxhaven
Quadrivium	1952	2989	W. Bruns & Co, HH	Lübecker Flenderwerke AG, Lübeck
Quartole	1952	2988	W. Bruns & Co, HH	Lübecker Flenderwerke AG, Lübeck
Alsterufer	1954	2683	R. M. Sloman, HH	Blohm & Voss, Hamburg
Perikles	1954	2721	F. Laeisz, HH	Deutsche Werft AG, Hamburg
Piräus	1954	2658	F. Laeisz, HH	Deutsche Werft AG, Hamburg
Ahrensburg	1955	3062	H. Schuldt, HH	Kieler Howaldtswerke AG, Kiel
Amalienburg	1955	3814	H. Schuldt, HH	Bremer Vulkan, Vegesack
Bremerhaven	1955	3111	Union, HB	Bremer Vulkan, Vegesack
Brunsbüttel	1955	3120	W. Bruns & Co, HH	Kieler Howaldtswerke AG, Kiel
Brunshausen	1955	3129	W. Bruns & Co, HH	Kieler Howaldtswerke AG, Kiel
Hornbay	1955	2840	Horn-Linie, HH	Deutsche Werft AG, Hamburg

Horncap	1955	2842	Horn-Linie, HH	Deutsche Werft AG, Hamburg
Nordenham	1955	3111	Union, HB	Bremer Vulkan, Vegesack
Portunus	1955	3057	F. Laeisz, HH	Kieler Howaldtswerke AG, Kiel
Quartett	1955	3198	W. Bruns & Co, HH	Lübecker Flenderwerke AG, Lübeck
Brunswick	1956	3128	W. Bruns & Co, HH	Stülcken Sohn, Hamburg
Parthenon	1956	2659	F. Laeisz, HH	Deutsche Werft AG, Hamburg
Consul Horn	1957	428	Heinrich C. Horn, HH	J. J. Sietas Schiffswerft, Hamburg
Henry Horn	1957	389	Heinrich C. Horn, HH	Schlichting - Werft, Travemünde
Mimi Horn	1957	389	Heinrich C. Horn, HH	Schlichting - Werft, Travemünde
Therese Horn	1957	428	Heinrich C. Horn, HH	J. J. Sietas Schiffswerft, Hamburg
Aldenburg	1958	2792	H. Schuldt, HH	Valmet Oy Pansion Telakka, Turku
Cap Corrientes	1958	4106	Hamburg-Süd, HH	Kieler Howaldtswerke AG, Kiel
Cap Domingo	1958	2879	Hamburg-Süd, HH	Kieler Howaldtswerke AG, Kiel
Claus Horn	1958	1032	Heinrich C. Horn, HH	Schlichting - Werft, Travemünde
Dora Horn	1958	428	Heinrich C. Horn, HH	J. J. Sietas Schiffswerft, Hamburg
Heinz Horn	1958	696	Heinrich C. Horn, HH	J. J. Sietas Schiffswerft, Hamburg
Hildegard	1958	1352	URAG, HB	Elsflether Werft AG, Elsfleth
Ingrid Horn	1958	561	Heinrich C. Horn, HH	J. J. Sietas Schiffswerft, Hamburg
Lupita Castro	1958	791	Tuna, HH	(s. Dora Horn 1968)
Marie Horn	1958	696	Heinrich C. Horn, HH	J. J. Sietas Schiffswerft, Hamburg
Priamos	1958	3027	F. Laeisz, HH	Kieler Howaldtswerke AG, Kiel
Stadt Schleswig	1958	428	Heinrich C. Horn, HH	J. J. Sietas Schiffswerft, Hamburg
Waldtraud Horn	1958	1022	Heinrich C. Horn, HH	Schlichting - Werft, Travemünde
Alexander von Humboldt	1959	2124	Hamburg-Süd, HH	J. J. Sietas Schiffswerft, Hamburg
Algor (K.-R.)	1959	2123	F. Laeisz, HH	(s. Bodetal 1960)
Alsterblick	1959	2851	R. M. Sloman, HH	Blohm & Voss, Hamburg
Antoinette Castro	1959	852	Tuna, HH	(s. Irmgard Horn 1969)
Artlenburg	1959	2788	H. Schuldt, HH	Valmet Oy Pansion Telakka, Turku
Asseburg	1959	2993	H. Schuldt, HH	Kieler Howaldtswerke AG, Kiel
Babitonga	1959	2124	Hamburg-Süd, HH	(s. Alexander von Humboldt 1965)
Bodetal	1959	2121	J. A. Reinecke, HB	Hanseatische Werft, Hamburg
Brunseck	1959	3105	W. Bruns & Co, HH	Kieler Howaldtswerke AG, Kiel
Brunsholm	1959	3138	W. Bruns & Co, HH	Kieler Howaldtswerke AG, Kiel
Brunstal	1959	2822	W. Bruns & Co, HH	N. V. Verschure, Amsterdam
Calor (K.-R.)	1959	2117	F. Laeisz, HH	(s. Okertal 1968)
Cap Valiente	1959	2879	Hamburg-Süd, HH	Kieler Howaldtswerke AG, Kiel
Herbert Horn	1959	499	Heinrich C. Horn, HH	J. J. Sietas Schiffswerft, Hamburg
Hilde Horn	1959	1137	Heinrich C. Horn, HH	J. J. Sietas Schiffswerft, Hamburg
Hornkoog	1959	3357	Horn-Linie, HH	Deutsche Werft AG, Hamburg
Irmgard Horn	1959	852	Heinrich C. Horn, HH	J. J. Sietas Schiffswerft, Hamburg
Okertal	1959	2117	J. A. Reinecke, HB	Hanseatische Werft, Hamburg
Tinito Castro	1959	1137	Tuna, HH	(s. Hilde Horn 1969)
Ursula H.	1959	1362	Heinrich C. Horn, HH	J. J. Sietas Schiffswerft, Hamburg
Ursula Horn	1959	1362	Heinrich C. Horn, HH	J. J. Sietas Schiffswerft, Hamburg
Vegesack	1959	3143	Union, HB	Bremer Vulkan, Vegesack
Wesermünde	1959	3139	Union, HB	Bremer Vulkan, Vegesack
Brunsberg	1960	2828	W. Bruns & Co, HH	Öresundsvarvet, Landskrona
Caroline Horn	1960	1360	Heinrich C. Horn, HH	J. J. Sietas Schiffswerft, Hamburg
Güldensand	1960	1485	A. F. Harmstorf, HH	Schlichting - Werft, Travemünde
Harald Horn	1960	1359	Heinrich C. Horn, HH	J. J. Sietas Schiffswerft, Hamburg
Horndeich	1960	3369	Horn-Linie, HH	Deutsche Werft AG, Hamburg
Pentelikon	1960	4747	F. Laeisz, HH	Deutsche Werft AG, Hamburg
Brunsdeich	1961	3227	W. Bruns & Co, HH	Kieler Howaldtswerke AG, Kiel
Elsfleth	1961	4555	Union, HB	Chant. Navals d. Flandres, Brügge
Luise Horn	1961	887	Heinrich C. Horn, HH	J. J. Sietas Schiffswerft, Hamburg
Rungholtsand	1961	1524	A. F. Harmstorf, HH	Schlichting - Werft, Travemünde
Brunsbüttel	1963	4703	W. Bruns & Co, HH	Howaldtswerke Hamburg AG, Hamburg
Brunshausen	1963	4698	W. Bruns & Co, HH	Blohm & Voss AG, Hamburg

Brunskoog	1963	4699	W. Bruns & Co, HH	Lübecker Flenderwerke AG, Lübeck
Brunsland	1963	4679	W. Bruns & Co, HH	Blohm & Voss, Hamburg
Medemsand	1963	1525	A. F. Harmstorf, HH	Schlichting - Werft, Travemünde
Puna	1963	5435	F. Laeisz, HH	Deutsche Werft AG, Hamburg
Brunseck	1964	4700	W. Bruns & Co, HH	Lübecker Flenderwerke AG, Lübeck
Brunsgard	1964	4702	W. Bruns & Co, HH	Howaldtswerke Hamburg AG, Hamburg
Brunsholm	1964	4701	W. Bruns & Co, HH	Blohm & Voss, Hamburg
Brunskappel	1964	4701	W. Bruns & Co, HH	Lübecker Flenderwerke AG, Lübeck
Fritz Reuter	1964	6310	DSR, HR	Frederiksstad M. V., Frederiksstad
John Brinckman	1964	6313	DSR, HR	Öresundsvarvet, Landskrona
Minden	1964	4777	Union, HB	Rickmers Werft, Bremerhaven
Nienburg	1964	4566	Union, HB	Bremer Vulkan, Vegesack
Polarlicht	1964	4851	Hamburg-Süd, HH	Blohm & Voss, Hamburg
Polarstern	1964	4970	Hamburg-Süd, HH	Deutsche Werft AG, Hamburg
Pongal	1964	5435	F. Laeisz, HH	Deutsche Werft AG, Hamburg
Augustenburg	1965	4679	H. Schuldt, HH	Howaldtswerke Hamburg AG, Hamburg
Brunsdeich	1965	4707	W. Bruns & Co, HH	Lübecker Flenderwerke AG, Lübeck
Ahrensburg	1966	5531	H. Schuldt, HH	Kieler Howaldtswerke AG, Kiel
Angelburg	1966	5532	H. Schuldt, HH	Kieler Howaldtswerke AG, Kiel
Brunshoeft	1966	4639	W. Bruns & Co, HH	Rheinstahl Nordseewerke, Emden
Brunstor	1966	4639	W. Bruns & Co, HH	Rheinstahl Nordseewerke, Emden
Güldensand	1966	1485	E. Hemmersam, HL	Schlichting - Werft, Travemünde
Pagensand	1966	1733	A. F. Harmstorf, HH	Schlichting - Werft, Travemünde14
Pekari	1966	4918	F. Laeisz, HH	Deutsche Werft AG, Hamburg
Persimmon	1966	4914	F. Laeisz, HH	Deutsche Werft AG, Hamburg
Pica	1966	4915	F. Laeisz, HH	Howaldtswerke Hamburg AG, Hamburg
Pirol	1966	4914	F. Laeisz, HH	Howaldtswerke Hamburg AG, Hamburg
Asseburg	1967	5531	H. Schuldt, HH	Kieler Howaldtswerke AG, Kiel
Brunshausen	1967	4623	W. Bruns & Co, HH	Howaldtswerke Hamburg AG, Hamburg
F. Freiligrath	1967	5590	DSR, HR	(s. Parma 1974)
Fährmannsand	1967	1733	A. F. Harmstorf, HH	Schlichting - Werft, Travemünde
G. Weerth	1967	5565	DSR, HR	(s. Padua 1974)
Lühesand	1967	1667	A. F. Harmstorf, HH	Schlichting - Werft, Travemünde
Padua	1967	5590	F. Laeisz, HH	Scott´s Shipbuilding & Eng. Co, Greenock
Parma	1967	5590	F. Laeisz, HH	Scott´s Shipbuilding & Eng. Co, Greenock
Polar Argentina	1967	5623	Hamburg-Süd, HH	Blohm & Voss, Hamburg
Polar Brasil	1967	5623	Hamburg-Süd, HH	Blohm & Voss, Hamburg
Polar Colombia	1967	5623	Hamburg-Süd, HH	Blohm & Voss, Hamburg
Polar Ecuador	1967	5617	Hamburg-Süd, HH	Blohm & Voss, Hamburg
Sloman Alstertor	1967	4915	R. M. Sloman, HH	Howadtswerke -Deutsche Werft AG, Hamburg/Kiel
Alasca	1968	4889	Intermare, M/HH	Drammen Slip & Verksted, Drammen
Alascacore	1968	4889	Intermare, M/HH	Drammen Slip & Verksted, Drammen
Artlenburg	1968	5754	H. Schuldt, HH	Howaldtswerke-Deutsche Werft AG, Hamburg/Kiel
Brunsbüttel	1968	4623	W. Bruns & Co, HH	Howaldtswerke-Deutsche Werft AG, Hamburg/Kiel
Brunsrode	1968	4749	W. Bruns & Co, HH	Lübecker Flenderwerke AG, Lübeck
Brunswick	1968	4749	W. Bruns & Co, HH	Lübecker Flenderwerke AG, Lübeck
Guava	1968	8185	Südlinie/Südstern, M/HH	(s. Guavacore 1974)
Guavacore	1968	8185	Frigomaris, HH	Akers Mekaniske Verksted, Oslo
Jogela	1968	499	Tünnecke, HB	At. & Chantier. du Havre
Joquita	1968	500	Tünnecke, HB	At. & Chantier. du Havre
Maria Castro	1968	790	Tuna, HH	Stadt Schleswig
Polar Paraguay	1968	5637	Hamburg-Süd, HH	Blohm & Voss, Hamburg
Polar Uruguay	1968	5636	Hamburg-Süd, HH	Blohm & Voss, Hamburg
Sloman Alsterpark	1968	4915	R. M. Sloman, HH	Howaldtswerke-Deutsche Werft AG, Hamburg/Kiel
Aldenburg	1969	5753	H. Schuldt, HH	Howaldtswerke-Deutsche Werft AG, Hamburg/Kiel
Anonacore	1969	8191	Intermare, M/HH	Nylands Verksted, Oslo
Anonarcore	1969	8191	Core, HH	Nylands Verksted, Oslo
Antarcticore	1969	4897	Intermare, M/HH	Drammen Slip & Verksted, Drammen

Nectarine	1969	8190	Frigomaris, HH	(s. Nectarinacore 1975)
Nectarinecore	1969	8190	Frigomaris, HH	Bergens Mekaniske Verksted, Oslo
Bering	1970	6682	Frigomaris, HH	Drammen Slip & Verksted, Drammen
Beringcore	1970	6682	Frigomaris, HH	Drammen Slip & Verksted, Drammen
Clementina	1970	8191	Frigomaris, HH	Bergens Mekaniske Verksted, Bergen
Greenland	1970	6682	Frigomaris, HH	Drammen Slip & Verksted, Drammen
Navelina	1970	8190	Frigomaris, HH	(s. Navelinacore 1975)
Navelinacore	1970	8190	Frigomaris, HH	Bergens Mekaniske Verksted, Oslo
Pecan	1970	8197	Frigomaris, HH	Nylands Verksted, Oslo
Satsumacore	1970	8190	Intermare, M/HH	Bergens Mekaniske Verksted, Oslo
Satsume	1970	8190	Intermare, M/HH	(s. Satsumacore 1975)
Sultana	1970	8190	Frigomaris, HH	Bergens Mekaniske Verksted, Oslo
Cherry	1971	9694	Frigomaris, HH	Nylands Verkstad, Oslo
Iceland	1971	6676	Frigomaris, HH	Drammen Slip & Verksted, Drammen
Morillo	1971	9697	Frigomaris, HH	Bergens Mekaniske Verksted, Oslo
Nordland	1971	6677	Frigomaris, HH	Drammen Slip & Verksted, Drammen
Brunsland	1972	9741	W. Bruns & Co, HH	Nylands Verkstad, Oslo
Blumenthal	1973	8729	Union, HB	Howaldtswerke-Deutsche Werft AG, Hamburg/Kiel
Ernst Moritz Arndt	1973	6684	DSR, HR	Smith´s Dock Co., Middelsbroutgh
Gerhart Hauptmann	1973	6680	DSR, HR	Joh. C. Tecklenborg, Geestemünde
Anona	1975	8191	Intermare, M/HH	Nylands Verksted, Oslo
Antarctic	1975	4897	Intermare, M/HH	Drammen Slip & Verksted, Drammen
Bremerhaven	1975	8413	Union, HB	Drammen Slip & Verksted, Drammen
Heinrich Heine	1975	9170	DSR, HR	Framnaes Mekan. Vaerksted, Sandefjord
Polar Honduras	1978	9996	Hamburg-Süd, HH	Lübecker Flenderwerke AG, Lübeck
Polar Costa Rica	1979	9996	Hamburg-Süd, HH	Lübecker Flenderwerke AG, Lübeck
Helene Jacob	1983	9417	Ernst Jacob, Flensburg	Flender Werft, Lübeck
Walter Jacob	1983	9417	Ernst Jacob, Flensburg	Flender Werft, Lübeck
Hansa Bremen	1989	10842	Leonhardt & Blumbg., HH	Bremer Vulkan, Bremen
Hansa Visby	1989	10842	Leonhardt & Blumbg., HH	Bremer Vulkan, Bremen
Hansa Lübeck	1990	10842	Leonhardt & Blumbg., HH	Bremer Vulkan, Bremen
Cape Cod	1990	6419	Hanse Bereederung, HH	Shanghai Shipyard, Shanghai
Hansa Stockholm	1991	10842	Leonhardt & Blumbg., HH	Bremer Vulkan, Bremen
Cape Cavo	1991	6419	Hanse Bereederung, HH	Shanghai Shipyard, Shanghai

Hamburg 1995, eine Schiffsladung Äpfel für die GUS aus dem Alten Land (Foto K.-H. Hochhaus)

POLAR ARGENTINA (II) der Hamburg Süd auslaufend Hamburg (Foto K.-H. Hochhaus)

Anhang 3: Kühlschiffsliste, nach BRT geordnet

Name	Baujahr	BRT	Reederei	Bauwerft / (vorheriger Name, Jahr d. Umbennung)
Henry Horn	1957	389	Heinrich C. Horn, HH	Schlichting -Werft, Travemünde
Mimi Horn	1957	389	Heinrich C. Horn, HH	Schlichting - Werft, Travemünde
Consul Horn	1957	428	Heinrich C. Horn, HH	J. J. Sietas Schiffswerft, Hamburg
Therese Horn	1957	428	Heinrich C. Horn, HH	J. J. Sietas Schiffswerft, Hamburg
Dora Horn	1958	428	Heinrich C. Horn, HH	J. J. Sietas Schiffswerft, Hamburg
Stadt Schleswig	1958	428	Heinrich C. Horn, HH	J. J. Sietas Schiffswerft, Hamburg
Herbert Horn	1959	499	Heinrich C. Horn, HH	J. J. Sietas Schiffswerft, Hamburg
Jogela	1968	499	Tünnecke, HB	At. & Chantier. du Havre
Joquita	1968	500	Tünnecke, HB	At. & Chantier. du Havre
Ingrid Horn	1958	561	Heinrich C. Horn, HH	J. J. Sietas Schiffswerft, Hamburg
Heinz Horn	1958	696	Heinrich C. Horn, HH	J. J. Sietas Schiffswerft, Hamburg
Marie Horn	1958	696	Heinrich C. Horn, HH	J. J. Sietas Schiffswerft, Hamburg
Maria Castro	1968	790	Tuna, HH	Stadt Schleswig
Lupita Castro	1958	791	Tuna, HH	(s. Dora Horn 1968)
Antoinette Castro	1959	852	Tuna, HH	(s. Irmgard Horn 1969)
Irmgard Horn	1959	852	Heinrich C. Horn, HH	J. J. Sietas Schiffswerft, Hamburg
Luise Horn	1961	887	Heinrich C. Horn, HH	J. J. Sietas Schiffswerft, Hamburg
Waldtraud Horn	1958	1022	Heinrich C. Horn, HH	Schlichting - Werft, Travemünde
Claus Horn	1958	1032	Heinrich C. Horn, HH	Schlichting - Werft, Travemünde
Hilde Horn	1959	1137	Heinrich C. Horn, HH	J. J. Sietas Schiffswerft, Hamburg
Tinito Castro	1959	1137	Tuna, HH	(s. Hilde Horn 1969)
Caribia	1952	1164	Globus, HH	Mützefeldwerft, Cuxhaven
Hildegard	1958	1352	URAG, HB	Elsflether Werft AG, Elsfleth
Harald Horn	1960	1359	Heinrich C. Horn, HH	J. J. Sietas Schiffswerft, Hamburg
Caroline Horn	1960	1360	Heinrich C. Horn, HH	J. J. Sietas Schiffswerft, Hamburg
Ursula H.	1959	1362	Heinrich C. Horn, HH	J. J. Sietas Schiffswerft, Hamburg
Ursula Horn	1959	1362	Heinrich C. Horn, HH	J. J. Sietas Schiffswerft, Hamburg
Güldensand	1960	1485	A. F. Harmstorf, HH	Schlichting - Werft, Travemünde
Güldensand	1966	1485	E. Hemmersam, HL	Schlichting - Werft, Travemünde
Rungholtsand	1961	1524	A. F. Harmstorf, HH	Schlichting - Werft, Travemünde
Medemsand	1963	1525	A. F. Harmstorf, HH	Schlichting - Werft, Travemünde
Lühesand	1967	1667	A. F. Harmstorf, HH	Schlichting - Werft, Travemünde
Pagensand	1966	1733	A. F. Harmstorf, HH	Schlichting - Werft, Travemünde
Fährmannsand	1967	1733	A. F. Harmstorf, HH	Schlichting - Werft, Travemünde
Panther	1930	1998	F. Laeisz, HH	Bremer Vulkan, Vegesack
Puma	1930	1998	F. Laeisz, HH	Bremer Vulkan, Vegesack
Calor (K.-R.)	1959	2117	F. Laeisz, HH	(s. Okertal 1968)
Okertal	1959	2117	J. A. Reinecke, HB	Hanseatische Werft, Hamburg
Bodetal	1959	2121	J. A. Reinecke, HB	Hanseatische Werft, Hamburg
Algor (K.-R.)	1959	2123	F. Laeisz, HH	(s. Bodetal 1960)
Alexander von Humboldt	1959	2124	Hamburg-Süd, HH	J. J. Sietas Schiffswerft, Hamburg
Babitonga	1959	2124	Hamburg-Süd, HH	(s. Alexander von Humboldt 1965)
Bilbao	1922	2440	OPDR, HH/Oldb.	Norddeutsche Werft GmbH, Geestemünde
Alstertor	1952	2460	R. M. Sloman, HH	Deutsche Werft AG, Hamburg
Piräus	1954	2658	F. Laeisz, HH	Deutsche Werft AG, Hamburg
Parthenon	1956	2659	F. Laeisz, HH	Deutsche Werft AG, Hamburg
Alsterufer	1954	2683	R. M. Sloman, HH	Blohm & Voss, Hamburg
Perikles	1954	2721	F. Laeisz, HH	Deutsche Werft AG, Hamburg
Alsterufer	1939	2729	R. M. Sloman, HH	Eriksberg M. V., Göteborg
Artlenburg	1959	2788	H. Schuldt, HH	Valmet Oy Pansion Telakka, Turku
Aldenburg	1958	2792	H. Schuldt, HH	Valmet Oy Pansion Telakka, Turku
Brunstal	1959	2822	W. Bruns & Co, HH	N. V. Verschure, Amsterdam
Brunsberg	1960	2828	W. Bruns & Co, HH	Öresundsvarvet, Landskrona
Hornbay	1955	2840	Horn-Linie, HH	Deutsche Werft AG, Hamburg
Horncap	1955	2842	Horn-Linie, HH	Deutsche Werft AG, Hamburg
Alsterblick	1959	2851	R. M. Sloman, HH	Blohm & Voss, Hamburg
Perseus	1951	2860	F. Laeisz, HH	Deutsche Werft AG, Hamburg

Proteus	1951	2860	F. Laeisz, HH	Deutsche Werft AG, Hamburg
Palime	1937	2863	F. Laeisz, HH	Deutsche Werft AG, Hamburg
Cap Domingo	1958	2879	Hamburg-Süd, HH	Kieler Howaldtswerke AG, Kiel
Cap Valiente	1959	2879	Hamburg-Süd, HH	Kieler Howaldtswerke AG, Kiel
Angelburg	1951	2902	H. Schuldt, HH	Kieler Howaldtswerke AG, Kiel
Pegasus	1951	2905	F. Laeisz, HH	Kieler Howaldtswerke AG, Kiel
Ahrensburg	1939	2938	H. Schuldt, HH	Burmeister & Wain, Kopenhagen
Quartole	1952	2988	W. Bruns & Co, HH	Lübecker Flenderwerke AG, Lübeck
Quadrivium	1952	2989	W. Bruns & Co, HH	Lübecker Flenderwerke AG, Lübeck
Asseburg	1959	2993	H. Schuldt, HH	Kieler Howaldtswerke AG, Kiel
Priamos	1958	3027	F. Laeisz, HH	Kieler Howaldtswerke AG, Kiel
Alstertor	1938	3039	R. M. Sloman, HH	Öresundsvarvet, Landskrona
Portunus	1955	3057	F. Laeisz, HH	Kieler Howaldtswerke AG, Kiel
Ahrensburg	1955	3062	H. Schuldt, HH	Kieler Howaldtswerke AG, Kiel
Angelburg	1938	3069	H. Schuldt, HH	Öresundsvarvet, Landskrona
Ulm	1937	3071	NDL, HB	Danziger Werft AG, Danzig
Brunseck	1959	3105	W. Bruns & Co, HH	Kieler Howaldtswerke AG, Kiel
Bremerhaven	1955	3111	Union, HB	Bremer Vulkan, Vegesack
Nordenham	1955	3111	Union, HB	Bremer Vulkan, Vegesack
Brunsbüttel	1955	3120	W. Bruns & Co, HH	Kieler Howaldtswerke AG, Kiel
Brunswick	1956	3128	W. Bruns & Co, HH	Stülcken Sohn, Hamburg
Brunshausen	1955	3129	W. Bruns & Co, HH	Kieler Howaldtswerke AG, Kiel
Brunsholm	1959	3138	W. Bruns & Co, HH	Kieler Howaldtswerke AG, Kiel
Wesermünde	1959	3139	Union, HB	Bremer Vulkan, Vegesack
Vegesack	1959	3143	Union, HB	Bremer Vulkan, Vegesack
Brake	1949	3172	Union, HB	A / B Oskarshamns Varv, Oskarshamn
Alsterkamp	1949	3180	R. M. Sloman, HH	Öresundsvarvet, Landskrona
Quartett	1955	3198	W. Bruns & Co, HH	Lübecker Flenderwerke AG, Lübeck
Brunsdeich	1961	3227	W. Bruns & Co, HH	Kieler Howaldtswerke AG, Kiel
Pelikan	1934	3264	F. Laeisz, HH	Bremer Vulkan, Vegesack
Pionier	1933	3285	F. Laeisz, HH	Bremer Vulkan, Vegesack
Hornkoog	1959	3357	Horn-Linie, HH	Deutsche Werft AG, Hamburg
Horndeich	1960	3369	Horn-Linie, HH	Deutsche Werft AG, Hamburg
Quadriga	1936	3386	W. Bruns & Co, HH	A / B Götaverken, Göteborg
Sarnia	1892	3402	HAPAG, HH	Blohm & Voss, Hamburg
Pontos	1935	3410	F. Laeisz, HH	Bremer Vulkan, Vegesack
Pomona	1938	3457	F. Laeisz, HH	Deutsche Werft AG, Hamburg
Panther	1939	3457	F. Laeisz, HH	Deutsche Werft AG, Hamburg
Sibiria	1894	3535	HAPAG, HH	Blohm & Voss, Hamburg
Pionier	1914	3601	F. Laeisz, HH	Joh. C. Tecklenborg, Geestemünde
Pungo	1914	3602	F. Laeisz, HH	Joh. C. Tecklenborg, Geestemünde
Augustenburg	1933	3639	H. Schuldt, HH	A / B Götaverken, Göteborg
Python	1935	3664	F. Laeisz, HH	Deutsche Werft AG, Hamburg
Amalienburg	1955	3814	H. Schuldt, HH	Bremer Vulkan, Vegesack
Vegesack	1911	4061	Union, HB	Stephen & Sons, Glasgow
Cap Corrientes	1958	4106	Hamburg-Süd, HH	Kieler Howaldtswerke AG, Kiel
Brunsberg	1945	4321	W. Bruns & Co, HH	N. V. Verschure, Amsterdam
Elsfleth	1961	4555	Union, HB	Chant. Navals d. Flandres, Brügge
Nienburg	1964	4566	Union, HB	Bremer Vulkan, Vegesack
Oldenburg	1914	4595	Union, HB	ex Pungo, Joh. C. Tecklenborg, Geestemünde
Oldenburg	1914	4595	Midgard, HH	ex Pungo, Joh. C. Tecklenborg, Geestemünde
Brunshausen	1967	4623	W. Bruns & Co, HH	Howaldtswerke Hamburg AG, Hamburg
Brunsbüttel	1968	4623	W. Bruns & Co, HH	Howaldtswerke-Deutsche Werft AG, Hamburg/Kiel
Brunshoeft	1966	4639	W. Bruns & Co, HH	Rheinstahl Nordseewerke, Emden
Brunstor	1966	4639	W. Bruns & Co, HH	Rheinstahl Nordseewerke, Emden
Brunskamp	1933	4679	W. Bruns & Co, HH	s. Augustenburg Bauj. 1933
Brunsland	1963	4679	W. Bruns & Co, HH	Blohm & Voss, Hamburg
Augustenburg	1965	4679	H. Schuldt, HH	Howaldtswerke Hamburg AG, Hamburg

Brunshausen	1963	4698	W. Bruns & Co, HH	Blohm & Voss, Hamburg
Brunskoog	1963	4699	W. Bruns & Co, HH	Lübecker Flenderwerke AG, Lübeck
Brunseck	1964	4700	W. Bruns & Co, HH	Lübecker Flenderwerke AG, Lübeck
Brunsholm	1964	4701	W. Bruns & Co, HH	Blohm & Voss, Hamburg
Brunskappel	1964	4701	W. Bruns & Co, HH	Lübecker Flenderwerke AG, Lübeck
Brunsgard	1964	4702	W. Bruns & Co, HH	Howaldtswerke Hamburg AG, Hamburg
Brunsbüttel	1963	4703	W. Bruns & Co, HH	Howaldtswerke Hamburg AG, Hamburg
Brunsdeich	1965	4707	W. Bruns & Co, HH	Lübecker Flenderwerke AG, Lübeck
Pentelikon	1960	4747	F. Laeisz, HH	Deutsche Werft AG, Hamburg
Brunsrode	1968	4749	W. Bruns & Co, HH	Lübecker Flenderwerke AG, Lübeck
Brunswick	1968	4749	W. Bruns & Co, HH	Lübecker Flenderwerke AG, Lübeck
Minden	1964	4777	Union, HB	Rickmers Werft, Bremerhaven
Fritz Reuter	1947	4850	DSR, HR	Rickmers Werft, Bremerhaven,
Polarlicht	1964	4851	Hamburg-Süd, HH	Blohm & Voss, Hamburg
John Brinckman	1947	4859	DSR, HR	Forges et Chant. de la Mediterran. La Seyne
Alasca	1968	4889	Intermare, M/HH	Drammen Slip & Verksted, Drammen
Alascacore	1968	4889	Intermare, M/HH	Drammen Slip & Verksted, Drammen
Antarcticore	1969	4897	Intermare, M/HH	Drammen Slip & Verksted, Drammen
Antarctic	1975	4897	Intermare, M/HH	Drammen Slip & Verksted, Drammen
Persimmon	1966	4914	F. Laeisz, HH	Deutsche Werft AG, Hamburg
Pirol	1966	4914	F. Laeisz, HH	Howaldtswerke Hamburg AG, Hamburg
Pica	1966	4915	F. Laeisz, HH	Howaldtswerke Hamburg AG, Hamburg
Sloman Alstertor	1967	4915	R. M. Sloman, HH	Howadtswerke-Deutsche Werft AG, Hamburg/Kiel
Sloman Alsterpark	1968	4915	R. M. Sloman, HH	Howadtswerke-Deutsche Werft AG, Hamburg/Kiel
Pekari	1966	4918	F. Laeisz, HH	Deutsche Werft AG, Hamburg
Nordenham	1914	4952	Union, HB	ex Pionier, Joh. C. Tecklenborg, Geestemünde
Nordenham	1914	4952	Midgard, HH	ex Pionier, Joh. C. Tecklenborg, Geestemünde
Polarstern	1964	4970	Hamburg-Süd, HH	Deutsche Werft AG, Hamburg
Brake	1920	5347	Union, HB	Cammell Laird & Co., Birkenhead
Bremerhaven	1921	5355	Union, HB	Workman, Clark & Co., Belfast
Wesermünde	1920	5356	Union, HB	Workman, Clark & Co., Belfast
Puna	1963	5435	F. Laeisz, HH	Deutsche Werft AG, Hamburg
Pongal	1964	5435	F. Laeisz, HH	Deutsche Werft AG, Hamburg
Ahrensburg	1966	5531	H. Schuldt, HH	Kieler Howaldtswerke AG, Kiel
Asseburg	1967	5531	H. Schuldt, HH	Kieler Howaldtswerke AG, Kiel
Angelburg	1966	5532	H. Schuldt, HH	Kieler Howaldtswerke AG, Kiel
G. Weerth	1967	5565	DSR, HR	(s. Padua 1974)
F. Freiligrath	1967	5590	DSR, HR	(s. Parma 1974)
Padua	1967	5590	F. Laeisz, HH	Scott´s Shipbuilding & Eng. Co, Greenock
Parma	1967	5590	F. Laeisz, HH	Scott´s Shipbuilding & Eng. Co, Greenock
Polar Ecuador	1967	5617	Hamburg-Süd, HH	Blohm & Voss, Hamburg
Polar Argentina	1967	5623	Hamburg-Süd, HH	Blohm & Voss, Hamburg
Polar Brasil	1967	5623	Hamburg-Süd, HH	Blohm & Voss, Hamburg
Polar Colombia	1967	5623	Hamburg-Süd, HH	Blohm & Voss, Hamburg
Polar Uruguay	1968	5636	Hamburg-Süd, HH	Blohm & Voss, Hamburg
Polar Paraguay	1968	5637	Hamburg-Süd, HH	Blohm & Voss, Hamburg
Aldenburg	1969	5753	H. Schuldt, HH	Howaldtswerke-Deutsche Werft AG, Hamburg/Kiel
Artlenburg	1968	5754	H. Schuldt, HH	Howaldtswerke-Deutsche Werft AG, Hamburg/Kiel
Carl Schurz	1912	6001	HAPAG, HH	(s. Karl Schurz 1913)
Karl Schurz	1912	6001	HAPAG, HH	Swan, Hunter & Wigh. Richardson, Newcastle
Emil L. Boas	1912	6014	HAPAG, HH	Swan, Hunter & Wigh. Richardson, Newcastle
Fritz Reuter	1964	6310	DSR, HR	Frederiksstad M. V., Frederiksstad
John Brinckman	1964	6313	DSR, HR	Öresundsvarvet, Landskrona
Cape Cod	1990	6419	Hanse Bereederung, HH	Shanghai Shipyard, Shanghai
Cape Cavo	1991	6419	Hanse Bereederung, HH	Shanghai Shipyard, Shanghai
Iceland	1971	6676	Frigomaris, HH	Drammen Slip & Verksted, Drammen
Nordland	1971	6677	Frigomaris, HH	Drammen Slip & Verksted, Drammen
Gerhart Hauptmann	1973	6680	DSR, HR	Joh. C. Tecklenborg, Geestemünde

Bering	1970	6682	Frigomaris, HH	Drammen Slip & Verksted, Drammen
Beringcore	1970	6682	Frigomaris, HH	Drammen Slip & Verksted, Drammen
Greenland	1970	6682	Frigomaris, HH	Drammen Slip & Verksted, Drammen
Ernst Moritz Arndt	1973	6684	DSR, HR	Smith´s Dock Co., Middelsbroutgh
Blexen	1932	6692	Union, HB	Newport News S. B. & D. D. Co., Newport News
Blumenthal	1932	6698	Union, HB	Newport News S. B. & D. D. Co., Newport News
Guava	1968	8185	Südlinie/Südstern, M/HH	(s. Guavacore 1974)
Guavacore	1968	8185	Frigomaris, HH	Akers Mekaniske Verksted, Oslo
Nectarine	1969	8190	Frigomaris, HH	(s. Nectarinacore 1975)
Nectarinecore	1969	8190	Frigomaris, HH	Bergens Mekaniske Verksted, Oslo
Navelina	1970	8190	Frigomaris, HH	(s. Navelinacore 1975)
Navelinacore	1970	8190	Frigomaris, HH	Bergens Mekaniske Verksted, Oslo
Satsumacore	1970	8190	Intermare, M/HH	Bergens Mekaniske Verksted, Oslo
Satsume	1970	8190	Intermare, M/HH	(s. Satsumacore 1975)
Sultana	1970	8190	Frigomaris, HH	Bergens Mekaniske Verksted, Oslo
Anonacore	1969	8191	Intermare, M/HH	Nylands Verksted, Oslo
Anonarcore	1969	8191	Core, HH	Nylands Verksted, Oslo
Clementina	1970	8191	Frigomaris, HH	Bergens Mekaniske Verksted, Bergen
Anona	1975	8191	Intermare, M/HH	Nylands Verksted, Oslo
Pecan	1970	8197	Frigomaris, HH	Nylands Verksted, Oslo
Bremerhaven	1975	8413	Union, HB	Drammen Slip & Verksted, Drammen
Blumenthal	1973	8729	Union, HB	Howaldtswerke-Deutsche Werft AG, Hamburg/Kiel
Heinrich Heine	1975	9170	DSR, HR	Framnaes Mekan. Vaerksted, Sandefjord
Helene Jacob	1983	9417	Ernst Jacob, Flensburg	Flender Werft, Lübeck
Walter Jacob	1983	9417	Ernst Jacob, Flensburg	Flender Werft, Lübeck
Cherry	1971	9694	Frigomaris, HH	Nylands Verkstad, Oslo
Morillo	1971	9697	Frigomaris, HH	Bergens Mekaniske Verksted, Oslo
Brunsland	1972	9741	W. Bruns & Co, HH	Nylands Verkstad, Oslo
Polar Honduras	1978	9996	Hamburg-Süd, HH	Lübecker Flenderwerke AG, Lübeck
Polar Costa Rica	1979	9996	Hamburg-Süd, HH	Lübecker Flenderwerke AG, Lübeck
Hansa Bremen	1989	10842	Leonhardt & Blumbg., HH	Bremer Vulkan, Bremen
Hansa Visby	1989	10842	Leonhardt & Blumbg., HH	Bremer Vulkan, Bremen
Hansa Lübeck	1990	10842	Leonhardt & Blumbg., HH	Bremer Vulkan, Bremen
Hansa Stockholm	1991	10842	Leonhardt & Blumbg., HH	Bremer Vulkan, Bremen